電気電子工学シリーズ 13

[編集] 岡田龍雄　都甲潔　二宮保　宮尾正信

電気エネルギー工学概論

西嶋喜代人
末廣純也　[著]

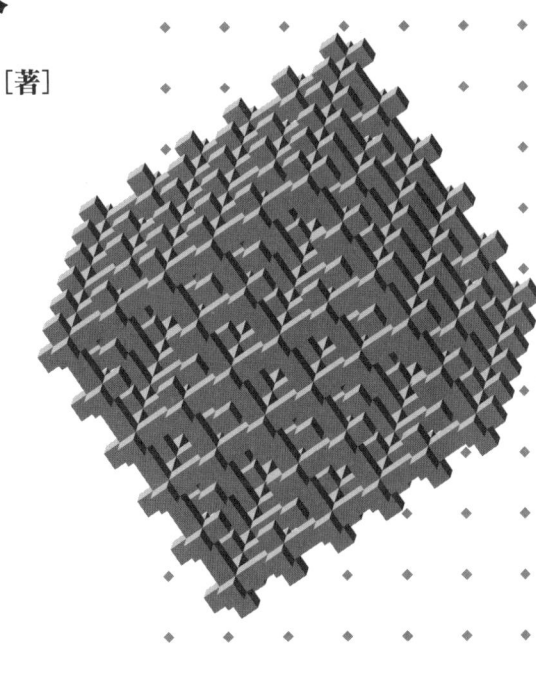

朝倉書店

〈電気電子工学シリーズ〉
シリーズ編集委員

岡田龍雄　九州大学大学院システム情報科学研究院・教授
都甲　潔　九州大学大学院システム情報科学研究院・教授
二宮　保　前 九州大学教授
宮尾正信　九州大学大学院システム情報科学研究院・教授

執　筆　者

西嶋喜代人　福岡大学工学部電気工学科・教授
末廣純也　九州大学大学院システム情報科学研究院・教授

まえがき

　本書は，大学や高専で電気電子工学を学ぶ学生諸君を対象に，電気エネルギーの発生，輸送，貯蔵に関する技術を環境と省エネルギーの観点も取り入れてわかりやすくまとめたものである．電気エネルギーに関係する授業科目としては，その発生（発電工学），輸送（送配電工学，電力系統工学），そして応用（電力応用工学）などに関するものがある．本書では，電気エネルギーの発生にかかわる従来技術および最新技術に力点を置いたため，書名を『電気エネルギー工学概論』とした．

　今日，電気エネルギーは，空気や水のように「存在するのが当たり前」の存在になっている．特に，わが国では電力技術の信頼性向上によって先進国の中でも他に例がないほど低い停電発生率を誇っているが，皮肉なことにこれがますます前述の傾向に拍車をかけている．実際には，電気エネルギーの安定な供給は多種多様な技術に支えられており，電気電子工学だけでなく，機械工学（熱力学や流体力学），土木工学，原子核工学，電気化学などの成果を巧みに取り込みながら発展を続けている．

　本書は，高校で物理，化学の基本知識を学び，大学において電気電子工学の基礎科目（電気回路，電磁気）を習得ずみの学生諸君を念頭において執筆し，以下のような構成とした．第1章では，電気エネルギーを含むさまざまなエネルギーの相互変換，電気エネルギーの発生源となる一次エネルギー，エネルギーと環境および経済との関係などについて概観し，電気エネルギーを取り巻く社会状況をまとめた．第2章では，現在の商用電源の主力となっている，水力発電，火力発電，原子力発電について，一次エネルギーを電気エネルギーに変換するプロセスの基本原理，発電所の構成，最新の技術動向などの観点からまとめた．これら従来の発電方式は，化石燃料の枯渇や地球温暖化などの環境問題によって今後の存続が危ぶまれており，太陽光発電などの自然エネルギーを用いた発電方式や，燃料電池などの直接発電方式に注目が集まっている．近い

まえがき

　将来において実用化が期待されるこれらの比較的新しい発電方式は，第3章で説明した．最後に第4章では，負荷電力の時間平滑化による発電設備の有効利用を実現するものとして注目されている電力貯蔵技術について述べた．執筆は，第2章を西嶋が，残りの第1，3，4章を末廣が担当した．

　本書の内容は，他の電気電子工学関係の教科書に比べ広範囲にわたるため，単なる説明だけでは読者が十分な理解を得られないかもしれない．そこで特に重要と考えられる事項に関しては例題と詳しい解答を載せてある．また，各章末にも演習問題と詳しい解答例を示したので活用していただきたい．さらに，将来電気エネルギー関係の職業に就こうと考えている読者のために，関連する国家資格とその取得方法を巻末に付録としてまとめてある．

　本書の執筆に際しては，既刊の教科書，専門書を数多く参考にさせていただいた．また，一部の図面を企業のご厚意により転載させていただいた．関係各位にはこの場を借りて深く御礼申し上げる．

2008年7月

西嶋喜代人
末廣純也

目　　次

1. **エネルギーと地球環境** ……………………………………………………… 1
   1.1　生活に欠かせない電気エネルギー　2
   1.2　エネルギーの種類と変換　4
     1.2.1　力学的エネルギー　5
     1.2.2　電気エネルギー　7
     1.2.3　化学エネルギー　10
     1.2.4　核エネルギー　11
     1.2.5　熱エネルギー　11
     1.2.6　エネルギーの単位　11
   1.3　一次エネルギー　12
     1.3.1　循環エネルギー　12
     1.3.2　非循環エネルギー　17
   1.4　環境とエネルギー　19
   1.5　経済とエネルギー　22
   1.6　わが国の電気エネルギー事情　24
   演習問題　29

2. **従来の発電方式** ……………………………………………………………… 31
   2.1　水　力　発　電　31
     2.1.1　水力学と水力発電の基礎計算　31
     2.1.2　水力発電所の形式と河川利用　36
     2.1.3　発電用水力土木設備　40
     2.1.4　水車の種類と構造　43
     2.1.5　水車の選定と調速設備　47
     2.1.6　水車発電機と揚水用発電電動機　51

2.2 火 力 発 電 56
　2.2.1 火力発電の基本構成 57
　2.2.2 燃焼反応と熱力学の基本計算 61
　2.2.3 実際の熱サイクルと熱効率 69
　2.2.4 ボイラとその関連設備 76
　2.2.5 タービンとその付属設備 82
　2.2.6 タービン発電機と運転特性 90
2.3 原子力発電 95
　2.3.1 原子核反応の基礎 96
　2.3.2 原子炉の連鎖反応と放射能 104
　2.3.3 原子炉と原子力発電 108
　2.3.4 将来の原子力発電と核燃料サイクル 114
　2.3.5 原子力発電所と安全運転 117
演 習 問 題 119

3. 新しい発電方式 …………………………………………………… 121
3.1 再生可能エネルギー 121
　3.1.1 太陽光発電 121
　3.1.2 風力発電 126
3.2 燃 料 電 池 131
　3.2.1 動作原理 131
　3.2.2 種類と特徴 133
　3.2.3 水素エネルギー社会 134
3.3 高速増殖炉 136
3.4 核融合発電 138
演 習 問 題 141

4. 電気エネルギーの輸送と貯蔵 ………………………………… 142
4.1 電力系統の構成 142
4.2 送 電 設 備 144

4.3 電気方式 146
4.4 有効電力と無効電力 147
4.5 送電損失 149
4.6 分散型電源とコジェネレーション 150
4.7 電力貯蔵 153
 4.7.1 フライホイールエネルギー貯蔵 155
 4.7.2 圧縮空気エネルギー貯蔵 156
 4.7.3 超伝導エネルギー貯蔵 157
 4.7.4 電池 159
 4.7.5 電気二重層コンデンサ 161
演習問題 164

参考図書 ……………………………………………………… 165
演習問題解答 ………………………………………………… 167
付　　録 ……………………………………………………… 175
索　　引 ……………………………………………………… 181

1. エネルギーと地球環境

　今日，人類は歴史上かつてないほどの，物質的に豊かな生活を享受している．このような豊かな生活は，エネルギーの大量消費のうえに成り立っている．人間をはじめとする生物は，生命活動を維持するだけでも最低限のエネルギーが食料として必要である（日本人成人男性の必要エネルギーは1日あたり約2600 kcal）．しかしながら，現代社会の豊かな生活は，食料だけでなく自動車やコンピュータといった工業製品によって成り立っており，エネルギーの多くは，工業製品の生産を含む経済活動を支えるために消費されている．今日，世界全体の一次エネルギー消費（他のエネルギーへ変換される前のエネルギー）の約87%が化石エネルギー資源によるもので，その年間消費エネルギー量を石油量に換算すると約82億tに達する（2002年統計）．わが国においても，化石エネルギー資源は一次エネルギー源消費全体の約84%（内訳は石油49%，石炭21%，天然ガス14%）を占め，石油量に換算すると約4億7000万t（2003年統計）で，その大部分を輸入に依存している．21世紀に入ってBRICs（ブラジル，ロシア，インド，中国）の急速な経済発展に伴い世界のエネルギー消費が急増する中で，特に可採年数（可採埋蔵量/年生産量）が約40年と短い石油の安定供給が危ぶまれ，その価格は2005年以降になって50〜70 USドル/バレル（1バレル=159 l）と高騰している．今後，世界の一次エネルギーの消費量と人口（2006年統計で約65億人）は，2000年を基準年として2030年にはそれぞれ約1.7倍と約1.2倍へ増加すると推定されている．

　人類のエネルギー大量消費は，18世紀にイギリスで始まった産業革命に端を発する．産業革命では，それまでの主たる燃料であった木炭から石炭への移行と石炭を動力源とする蒸気機関の開発が同時に起こり，産業革命を支えるエ

ネルギー供給・利用体制が確立した．産業革命から今日の21世紀まで，人類の産業活動と経済活動は飛躍的に拡大を遂げたが，これらに果たすエネルギーの役割は基本的に変わっていない．すなわち，産業・経済の発展に合わせるかのように，新しいエネルギー源（燃料）とその利用技術が発見・開発されてきたのである．産業革命から19世紀にかけては石炭（固体），20世紀は石油（液体），そして21世紀には天然ガスや水素ガス（気体）へと，エネルギー源の主役は利用技術や採掘技術の進歩などによって変遷してきた．

大量の化石燃料の燃焼（火力発電所のボイラ，自動車のエンジン）は，CO_2，SO_x，NO_x，煤じんなどを多量に大気へ排出し，地球温暖化，大気汚染，酸性雨，水質汚濁など人類の生存（食料と水問題を含む）にも関係した深刻な環境問題を引き起こしている．将来に向けて**持続可能な社会**（sustainable society）を実現するためには，経済成長，エネルギーの安定供給そして環境保全の3つの要素を，人類の英知を結集して調和させる必要がある．

1.1 生活に欠かせない電気エネルギー

本書は，エネルギーの一形態である電気エネルギーについて，おもに発生，輸送と貯蔵の観点からまとめたものである．電気エネルギーは熱エネルギーなどの他のエネルギーに比べ，以下のような長所を有している．

（ⅰ）　大容量のエネルギーを遠隔地へ瞬時に輸送できる．
（ⅱ）　制御性，操作性に優れる．
（ⅲ）　力学的エネルギー，熱エネルギー，光エネルギーなどへ容易かつ高効率で変換可能であり利用しやすい．
（ⅳ）　最終利用時に廃棄物，副産物などの排出がなく，環境に与えるインパクトが小さい．

これらの長所によって，わが国では電気エネルギー消費がエネルギー消費全体に占める割合（**電力化率**）は年々増加を続けている（図1.1）．たとえば一般家庭においては，給湯や調理熱源にも電気エネルギーを利用するオール電化住宅の戸数が安全性と利便性を背景に増えつつある．このように電気エネルギーの安定供給は，わが国の社会を支えるうえで欠かすことのできない基盤となっている．電気エネルギーは他のエネルギーへの変換が容易であるため，その利

1.1 生活に欠かせない電気エネルギー

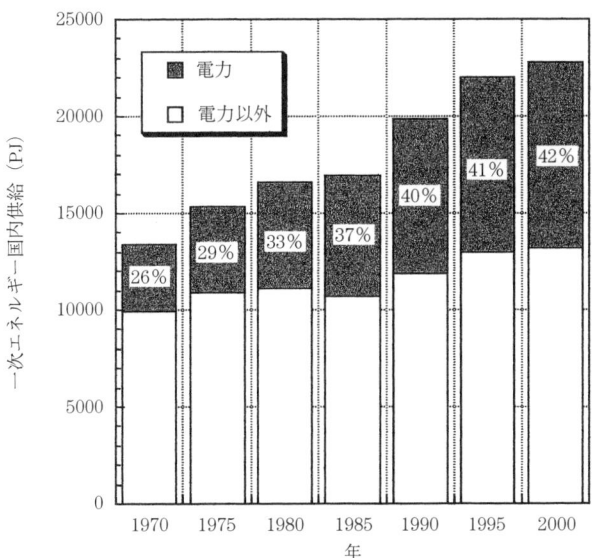

図 1.1 日本のエネルギー消費，電力化率推移
1 PJ は原油約 5800 kl のエネルギーに相当．
(資源エネルギー庁総合エネルギー統計)

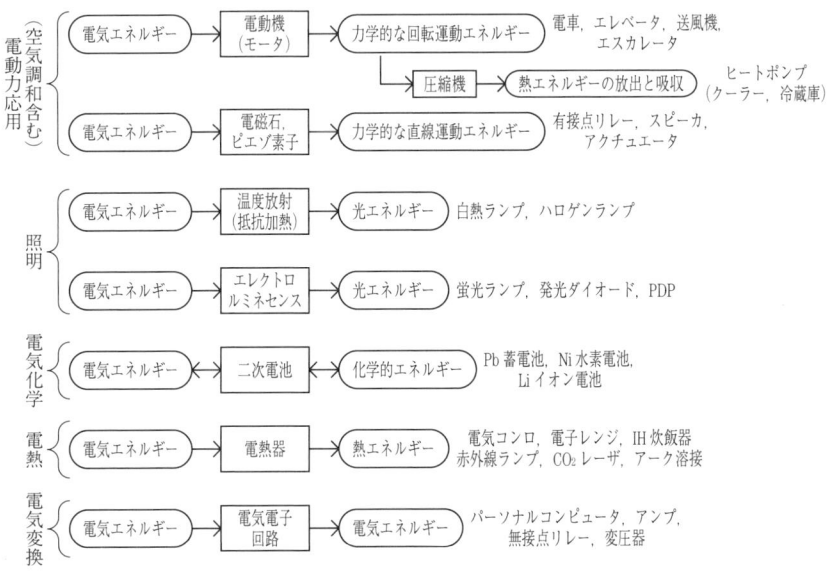

図 1.2 電気エネルギーの利用とエネルギー変換

表 1.1 先進諸国の停電率比較
(電気事業連合会資料)

	日本 (2003年度)	イギリス (2001年)	米国 (2002年)	フランス (2001年)
停電時間 (分/年)	9	73	69	45

用形態は図1.2に示すように多岐にわたる．電気エネルギーがさまざまな最終エネルギーに変換して使用されることを電気応用（電力応用）という．電気応用は，最終的に変換されるエネルギーの形態によって，電動力応用，照明，電熱，電気化学，空気調和などに分類される．

わが国の電力発生・輸送システムは，欧米などの他の先進国と比べてもきわめて高い安定性を誇っている．たとえば，おもな先進諸国の停電率を比較すると表1.1のようになり，わが国の電力システムの安定性が見て取れる．実際，わが国では，電気エネルギーは空気や水と同じように，「あるのがあたりまえ」のような存在になっている．しかしながら，電気エネルギーを含むエネルギー全般の発生，供給そして利用は，次節以降に述べるさまざまな理由によって21世紀中に大きな変革を迎えることになるであろう．

1.2 エネルギーの種類と変換

エネルギー（energy）という言葉は，科学や理工学の中だけでなく日常生活の中でもよく使われる．その語源は，ギリシャ語で「仕事をする能力」を意味するエネルギア（energia）であるとされ，物体の力学的運動の根源をなす効果を表現するために17世紀頃から使われ出したとされている．その後の研究の結果，図1.3に示すようにエネルギーには力学的エネルギー以外にもさまざまな形態が存在し，それらは相互に変換可能であることが明らかにされている．わが国では，総発電電力量9705億kWhの約99.5%を図1.4に示す水力発電，原子力発電，火力発電，地熱発電によって発生している（2004年統計）．これらの発電方式は，いずれもファラデー（Faraday）が発見した電磁誘導則を基本原理とする発電機を用いて力学的エネルギーを電気エネルギーに変換している．

1.2 エネルギーの種類と変換

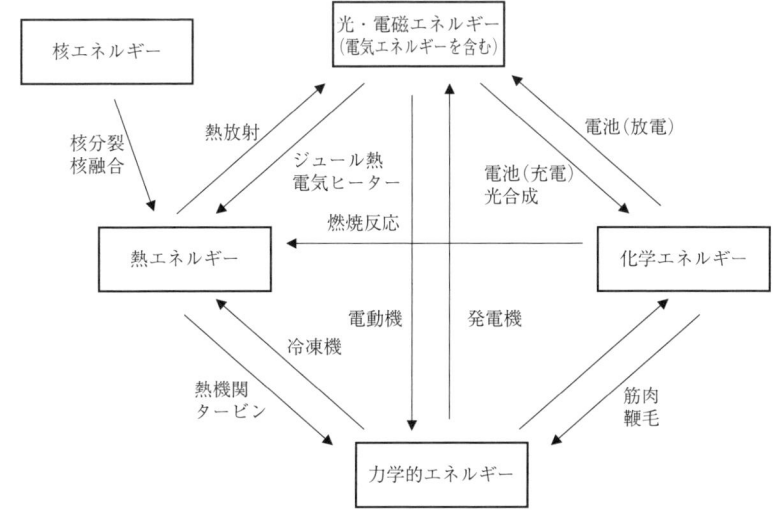

図 1.3 エネルギー形態と変換

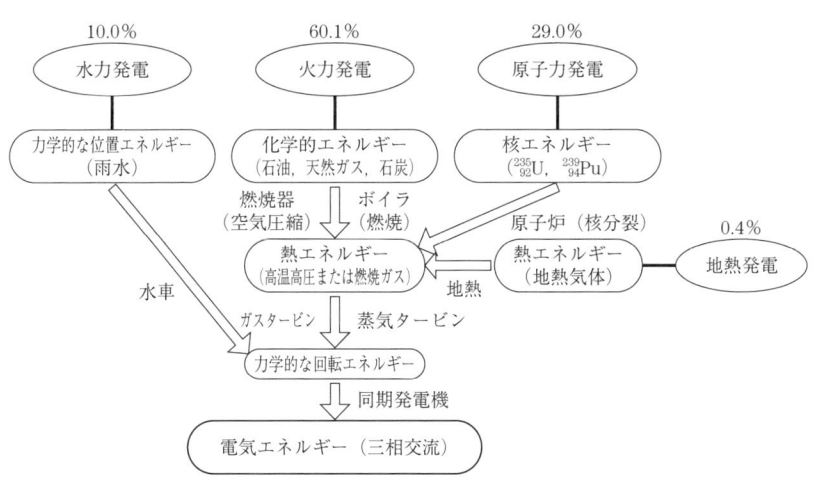

図 1.4 主要な発電方式とエネルギー変換

1.2.1 力学的エネルギー (kinetic energy)

　水力発電や風力発電では，流体（水，空気）のもつ位置エネルギー，運動エネルギー，圧力エネルギーを，水車や風車を用いて力学的エネルギー（回転運動エネルギー）に変換する．火力発電や原子力発電においては，ボイラや原子

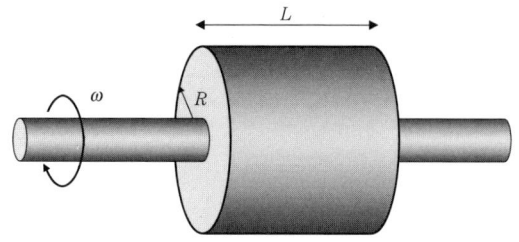

図 1.5　発電機回転子を模擬した円柱の回転運動

炉で発生させた熱エネルギーを蒸気タービンによって回転運動エネルギーに変換する．これらの回転運動エネルギーは，水車や蒸気タービンに直結した発電機の回転子に伝達され，電磁誘導則によって電気エネルギーに変換される．発電機の回転子は，図1.5に示すような等速回転運動をする円柱で模擬することができる．

【例題 1.1】　図1.5に示す円柱（半径 $R=0.5$ m，長さ $L=5$ m）が回転速度 $N=800$ rpm（revolutions per minute，1分間の回転数）で回転運動しているとき，その慣性モーメント J，角運動量 P_ω，回転運動エネルギー W を求めよ．ただし円柱は鉄製であり，その密度は $\rho=7.86\times10^3$ [kg/m^3] である．

（解）　回転中心軸から半径 r の位置において厚さ dr の微小円柱環を考えると，その質量 dM は $dM=2\pi rL\rho dr$ である．この部分の慣性モーメント $dJ=r^2dM$ であるから，全慣性モーメント J は，

$$J=\int_0^R dJ=\int_0^R r^2 dM=\int_0^R 2\pi\rho r^3 L dr=\frac{1}{2}\pi\rho R^4 L=3.86\times10^3 \text{ [kg·m}^2\text{]}$$

となる．

また，角運動量 P_ω は回転体の角速度を ω [rad/s] とすると

$$P_\omega=J\times\omega=J\times\frac{2\pi N}{60}=3.23\times10^5 \text{ [kg·m}^2\text{·rad/s]}$$

となる．さらに回転運動エネルギー W は

$$W=\frac{1}{2}J\omega^2=\frac{1}{2}J\times\left(\frac{2\pi N}{60}\right)^2=1.35\times10^7 \text{ [J]}=3.75 \text{ kWh}$$

となる（エネルギー単位 [J] と [Wh] の関係は，後出の表1.2を参照）．

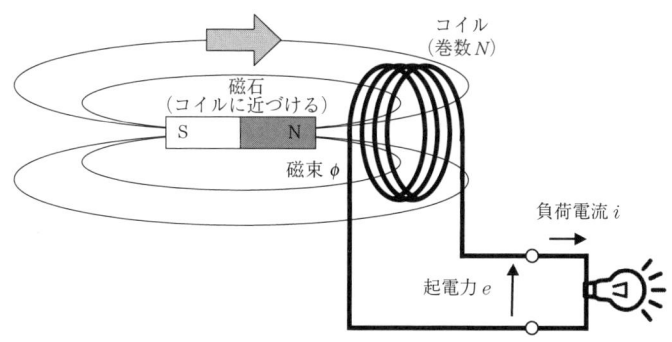

図 1.6 電磁誘導則

1.2.2 電気エネルギー (electrical energy)

a. 電気エネルギーの発生

前述のファラデーは，コイルに鎖交する磁束が時間変化するとき，コイルの両端に起電力が発生することを見出した（図1.6，電磁誘導則）．その後，ノイマン（Neumann）によって電磁誘導起電力 $e(t)$ [V] は次式で与えられることが明らかにされた．

$$e(t) = -N \frac{d\phi(t)}{dt} \qquad (1.1)$$

ここで，N はコイル巻数，$\phi(t)$ [Wb] は磁束，t [s] は時間である．右辺の負号は，電磁誘導起電力によって流れる電流は磁束変化 $d\phi$ を打ち消す方向に流れることを表している．実際の発電機において起電力を発生するコイルを**電機子コイル**（armature coil），磁束を発生させるための電磁石コイルを**界磁コイル**（field coil）と呼ぶ．磁束の時間変化 $d\phi/dt$ を連続して発生させるためには，これらコイルの一方を回転運動させ，両者間の相対的位置（距離）を変化させればよい．大容量発電機では電機子コイルに発生する起電力は数kVオーダーに達するためこれを固定し（固定子），その内部で図1.5に示したような円柱状の界磁コイルを回転させて $d\phi/dt$ を発生させる（発電機の原理や構造についての詳細は電気機器学の教科書を参照のこと）．図1.6において，起電力 $e(t)$ [V] が生じたコイルの両端に負荷を接続して電流 $i(t)$ [A] が流

れた場合，負荷に供給される単位時間あたりの電気エネルギー $p(t)$ [W] は次式で与えられる．

$$p(t) = e(t)i(t) \tag{1.2}$$

したがって，時刻 0 から t [s] までに伝送されるエネルギー $w(t)$ [J] は

$$w(t) = \int_0^t p(t)\,dt \tag{1.3}$$

で与えられる．すなわち，

$$p(t) = \frac{dw(t)}{dt} \tag{1.4}$$

である．(1.2)，(1.4) 式で定義される単位時間あたりの電気エネルギー $p(t)$ を**電力**（electric power）と呼ぶ．電力は仕事率と同じ物理的意味をもち，単位 W（ワット）で表す．すなわち，1 W＝1 J/s である．上記からも明らかなように，物理量としての「電力」と「電気エネルギー」は明確に区別すべきであるが，技術用語として使われる際にはその区別が曖昧な場合があることに注意が必要である（たとえば，4.7 節で述べる「電力」貯蔵は，厳密には「電気エネルギー」貯蔵を意味する）．

b. 電気エネルギーの輸送

次に電気エネルギーの輸送について考えてみよう．電界 E [V/m] と磁界 H [A/m] が存在する空間において E と H の外積で定義されるベクトル S [W/m²] を**ポインティングベクトル**（Poynting vector）と呼ぶ．

$$S = E \times H \tag{1.5}$$

マクスウェル（Maxwell）の電磁方程式が示すように，ポインティングベクトル S の大きさは空間中を伝搬する電磁エネルギーの面密度を表しており，その伝搬方向は S の方向と一致する．空間に電界と磁界を形成する最も簡単な方法は，導体線路に電圧を印加して電流を流すことであ

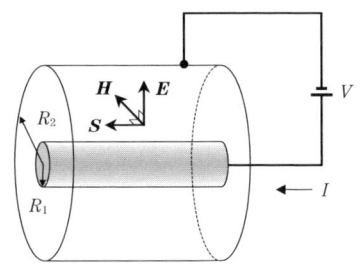

図 1.7 同軸円筒線路

る．理論解析が容易な図1.7の同軸円筒線路においてポインティングベクトルを計算し，中心導体と外側導体の間の全空間にわたって積分すると次式を得る（演習問題1.4参照）．

$$P = \int_{R_1}^{R_2} EH dS = \int_{R_1}^{R_2} EH 2\pi x dx = VI \tag{1.6}$$

(1.6) 式で求められる P は同軸円筒の断面を単位時間に通過する電磁エネルギーすなわち電力を表しており，一般的な形状の線路に対しても成立する．交流のように電圧 $v(t)$，電流 $i(t)$ が時間 t に依存して変化する場合も同様であり，(1.6) 式は (1.2) 式と一致する．

c. 電気エネルギーの貯蔵

コイルに電流 I [A] を流しその周囲の空間（透磁率 μ [H/m]）に磁界 H [A/m] が形成されるとき，次式で表される単位体積あたり w_L [J/m³] の電気エネルギーが空間に蓄えられる．

$$w_L = \frac{1}{2}\mu H^2 \;[\text{J/m}^3] \tag{1.7}$$

コイル（自己インダクタンス L）が蓄えることができる電気エネルギーの総量 W_L は，(1.7) 式を磁界が存在する全空間にわたって体積分することで求められ，次式で与えられる．

$$W_L = \frac{1}{2}LI^2 \;[\text{J}] \tag{1.8}$$

コンデンサ（英語表記には通常キャパシタ（capacitor）が用いられる）の電極間に電圧 V [V] を印加しその内部の空間（誘電率 ε [F/m] の誘電体）に電界 E [V/m] が形成されるとき，次式で表される単位体積あたり w_C [J/m³] の電気エネルギーが誘電体に蓄えられる．

$$w_C = \frac{1}{2}\varepsilon E^2 \;[\text{J/m}^3] \tag{1.9}$$

コンデンサ（静電容量 C）が蓄えることができる電気エネルギーの総量 W_C は，(1.9) 式を電界が存在する全空間にわたって体積分することで求められ，次式で与えられる．

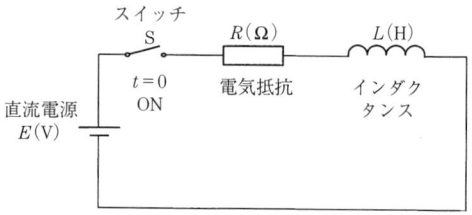

図 1.8 RL 直列回路

$$W_C = \frac{1}{2}CV^2 \;\; [\text{J}] \tag{1.10}$$

【例題 1.2】 図 1.8 に示す RL 直列回路で, 時刻 $t=0$ でスイッチ S を閉じたとき, ある時刻 t [s] での電流 $i(t)$ と, 定常状態に達するまでにコイルに蓄えられるエネルギー W_L [J] を求めよ.

(解) $t \geqq 0$ において以下の回路方程式が成り立つ.

$$E = Ri(t) + L\frac{di(t)}{dt}$$

上式を初期条件 $i(0)=0$ のもとで解いて

$$i(t) = \frac{E}{R}\left(1 - e^{-\frac{t}{\tau}}\right)$$

を得る. ただし, τ は時定数で, $\tau = L/R$ である. よって, $t=\infty$ での定常電流は $I_0 = E/R$ [A] となる. したがって, 回路が定常状態に達するまでにコイルに蓄えられるエネルギーは, コイル両端間での電圧降下を v_L とすると, (1.2), (1.3) 式より

$$W_L = \int_0^\infty i v_L dt = \int_0^\infty iL\frac{di}{dt}dt = \int_0^{I_0} iL di = \frac{1}{2}LI_0^2 = \frac{1}{2}L\left(\frac{E}{R}\right)^2$$

となる.

1.2.3 化学エネルギー (chemical energy)

火力発電では, ボイラを用いて燃料である石炭, 石油, 天然ガス (液化天然ガス, LNG) を燃焼させて熱エネルギーを得る. 燃料の燃焼は, 燃料の主成分である炭素 C と水素 H が空気中の酸素 O_2 によって酸化されることを意味

し，酸化反応に伴う発熱を熱エネルギーとして取り出す（2.2.2項参照）．燃料電池では，燃料である水素を酸素によって酸化することにより，水素のもつ化学エネルギーを等温下で電気エネルギーに直接変換する．ただし，燃焼反応とは異なり，水素の酸化反応と酸素の還元反応を別々の空間（電極表面）で行い，反応に伴う電子の移動は両電極間に接続した負荷を含む外部回路を通じて行う（3.2節参照）．

1.2.4　核エネルギー（nuclear energy）
核分裂または核融合の核反応が生じた際，反応物質の質量の一部がエネルギーへ変換される．このような核反応によって得られるエネルギーを核エネルギーと呼ぶ（2.3.1項参照）．核分裂反応で発生した核エネルギーの大部分は，分裂生成物の運動エネルギーを経て最終的には原子炉内で熱エネルギーとして解放される．

1.2.5　熱エネルギー（thermal energy）
火力発電所のボイラや原子炉で発生した熱エネルギーは，水蒸気を作動流体とする熱サイクルによって外部に力学的エネルギーとして取り出され，蒸気タービンを回転させる仕事を行う（2.2.2項参照）．熱エネルギーを電気エネルギーに直接変換する方法として，**ゼーベック効果**（Seebeck effect）を有する**熱電素子**（thermoelectric element）を用いる方法（熱電発電）があるが，素子単体の出力が低いため現時点では大出力の熱電発電は実用化されていない．

1.2.6　エネルギーの単位
国際単位系（SI単位系）では，エネルギーの単位はジュール［J］と定められており，1Jのエネルギーは，「1Nの力が力の方向に物体を1m動かすときの仕事」として定義されている．しかしながら，図1.2に示すようにエネルギーの形態がさまざまであることから，その形態や利用分野などに応じてジュール以外の単位が用いられている．電気エネルギーとその発生に関連する分野でよく用いられるエネルギー単位の定義とジュールとの関係をまとめると表1.2のようになる．

表 1.2 おもなエネルギー単位

単位	読み	定義	ジュール [J] への換算	おもに使用されるエネルギー形態
1 cal	カロリー	1グラムの水の温度を1℃上げるのに必要な熱エネルギー	4.186 J	熱エネルギー
1 Wh	ワットアワー，ワット時	1Wの電力を1時間連続して利用するときの総エネルギー（電力量）	3600 J	電気エネルギー
1 eV	エレクトロンボルト，電子ボルト	1Vの電位差がある自由空間内で加速された電子1個が得るエネルギー	1.602×10^{-19} J	核エネルギー

1.3 一次エネルギー

そのまま利用可能な電気エネルギーは自然界には存在せず，図1.2, 1.3に示したエネルギー変換過程を経て発生させる必要がある．たとえば，火力発電においては，石炭，石油，天然ガスなどの化石燃料からいくつかのエネルギー変換過程を経て電気エネルギーを発生させる．化石燃料のように，自然界に存在するエネルギーは**一次エネルギー**（primary energy）と呼ばれ，水力，ウラン鉱石なども含まれる．これに対し，電気エネルギーや熱エネルギーのように一次エネルギーを利用しやすく変換したものを**二次エネルギー**（secondary energy）と呼び，ガソリンや都市ガスなども含まれる．一次エネルギーは，水力や太陽エネルギーのように繰り返し利用できるものと，化石燃料のように一度しか利用できないものとに分類され，前者を**循環エネルギー**または**再生可能エネルギー**（renewable energy），後者を**非循環エネルギー**と呼ぶ．

1.3.1 循環エネルギー

a. 太陽エネルギー（solar energy）

現在，地球上で利用されているほとんどのエネルギーの源は太陽にあるといっても過言ではない．太陽の中心部では，数十億年前から核融合反応によって水素がヘリウムに変換され，生成エネルギーの大部分は電磁波として宇宙空間に放出されている．太陽と地球間の距離は約1億5000万kmであり，地球に到達するエネルギーはその約50億分の1である．地球に到達する太陽放射光

は約 500 nm の波長にピークをもち,紫外線(波長 0.01〜0.4 μm)2〜5%,可視光線(波長 0.4〜0.7 μm)40〜45%,赤外線(波長 0.7〜1000 μm)50〜55%の割合でエネルギーが分布している.大気圏外での平均エネルギー密度(**太陽定数**)は 1.4 kW/m^2 であるが,地表では昼夜,天候,場所などの条件も考慮して平均すると約 0.13 kW/m^2 にまで減少する.太陽エネルギーの総量は,地球表面全体では単位時間あたり 10^{14} [kW] にも達し,世界全体の平均消費電力の 1 万倍以上に達する.また,後述する風力,水力,海洋エネルギーなどの循環エネルギーの発生源も太陽である.さらに,非循環エネルギーである化石燃料は,太古の時代に地球上に生息していた植物や微生物に由来するものであるとされ,これらの生命活動が太陽エネルギーによって支えられていたことを考えると,これらも「太陽エネルギーの缶詰」であるといえる.

b. 風力エネルギー(wind energy)

風は空気が移動(運動)することによって発生する.風力エネルギー E_w [J] とは,移動する空気のもつ運動エネルギーのことであり,空気の質量を m [kg],風速を v [m/s] とすると次式で表すことができる.

$$E_w = \frac{1}{2}mv^2 \quad (1.11)$$

簡単のため,図 1.9 に示すような,断面積 A [m^2] の領域を風向に沿って考えると,単位時間に移動する空気の質量は,空気密度を ρ_a [kg/m^3] とすると

$$m = \rho_a A v \quad (1.12)$$

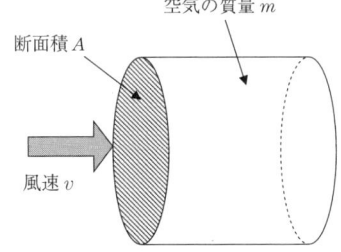

図 1.9 風の運動モデル

となるので単位時間あたりの風力エネルギー P_w [W] は

$$P_w = \frac{1}{2}\rho_a A v^3 \quad (1.13)$$

となり,風速の 3 乗に比例する.空気密度は通常 $\rho_a = 1.2$ kg/m^3 程度であるから,風力エネルギーは

$$P_w = 0.6\,A v^3 \quad (1.14)$$

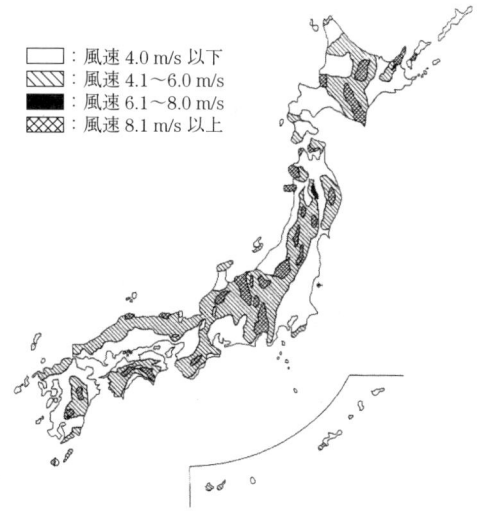

図 1.10 風況マップ（NEDO, 1993）

となる．

　風はおもに気圧差によって発生し，気圧が高い所から低い所へ向かって吹く．気圧差の発生メカニズムには，温度差（空気密度の差）によるものと地球の自転に由来するものとに大別できる．風速や風向は，場所や季節，時間によって大きく変動するため，自然エネルギーの中でも特にエネルギー源としての評価が困難である．場所ごとに吹く風の特徴をまとめたデータを**風況**と呼び，風速，風向およびこれらの出現確率などのパラメータで評価される．図 1.10 は，わが国全土の平均風速分布を示したもので風況マップと呼ばれ，風力発電所の建設候補地の選定などに利用される．

  c. 水力エネルギー（hydro energy）

　太陽エネルギーによって海洋などの地表から蒸発した水の一部は上空で雲を形成し，降雨となって再び地表に戻る．陸地に降った雨は河川の流水となり水力資源を形成する．河川流量を電力に換算したものを，**包蔵水力**（potential hydro energy）と呼ぶ．わが国は降水量，山岳地帯ともに多いため包蔵水力に恵まれており，4681 万 kW に達する．しかしながら，わが国の包蔵水力は約 70% がすでに開発済みであり，これ以上の大規模開発は困難であると考え

d. 海洋エネルギー (ocean energy)

おもな海洋エネルギーとして，海流，潮流，波力，海洋温度差によるエネルギーをあげることができる．わが国の近海には親潮と黒潮の2大海流が流れており，温度による海水の密度差によってほぼ一定の方向に流れている．黒潮の場合，幅は約 70〜100 km，深さは表面から水深 1〜2 km くらいまで，流速は約 4〜7 km/h である．これに対し，潮流とは月と太陽の引力によって発生する海水の移動を指し，水平方向の流れを潮流，鉛直方向の海水面の移動を潮汐と呼ぶ．潮流，潮汐は約6時間周期で1日にそれぞれ2回ずつ発生する．潮汐による干満差は，地形の条件がよければ 10 m 以上にも達し，潮汐発電に利用されている．波力とは，波の上下運動による空気の流れを利用したエネルギーで，航路標識ブイの電源などに利用されている．

海洋の表層と深層の温度差と海の大きな熱容量を利用すれば，表層と深層をそれぞれ高温熱源，低温熱源とする熱サイクルを動作させることができる．ハワイなど赤道に近い熱帯では，深さ 500〜1000 m の深層水を利用すれば年間を通じて約 20°C の温度差が得られ，アンモニアなどの低沸点液体を作動流体としてタービンを回し発電を行うことができる（**海洋温度差発電**，ocean thermal energy conversion）．

e. 地熱エネルギー (geothermal energy)

火山活動が活発な地域の地下数千メートル付近には，さらに深部の地下から浮上してきたマグマが停滞してマグマだまりを形成し，火山の溶岩や温泉の供給源となっている．マグマだまりの近くに地下水が存在する場合には，井戸を掘るだけで高温の蒸気を得ることができ，蒸気タービンによる発電に利用できる（地熱発電）．また，地下水がない場合には，マグマだまり付近の高温岩体に人工的に亀裂を入れて井戸から水を注入し，蒸気を発生させる方法もある（高温岩体発電，図 1.11）．地熱エネルギーが豊富なアイスランドでは，電気エネルギーの15%を地熱発電で賄っている．わが国では，おもに九州電力と東北電力で地熱発電が行われており，総発電電力は約 540 MW である．

f. バイオマスエネルギー (biomass energy)

有機物で構成されている植物などの生物体を，燃料として利用するのがバイ

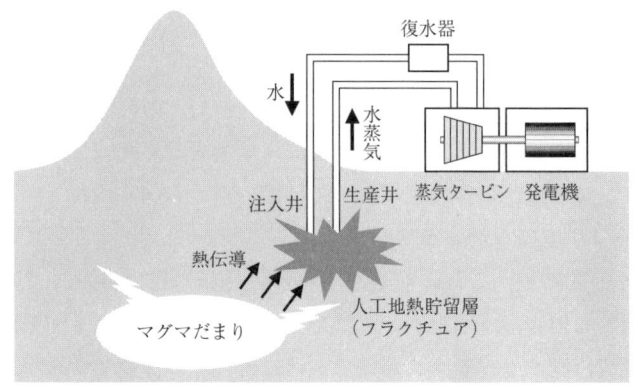

図 1.11 地熱エネルギー（高温岩体発電）

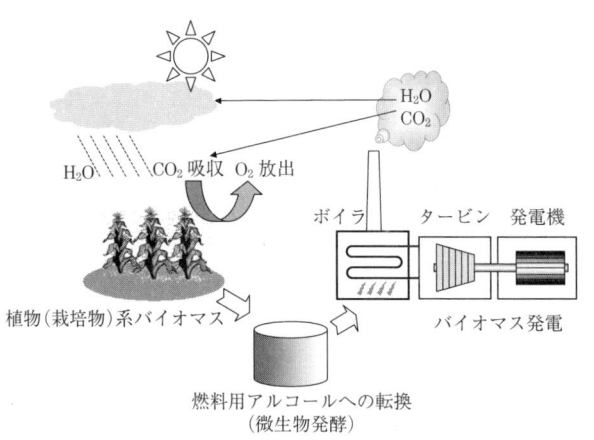

図 1.12 バイオマス発電

オマスエネルギーである（図1.12）。バイオマスエネルギーは，その原料の種類から廃棄物系と植物（栽培物）系に分類できる。廃棄物系は，製紙業や農林，畜産業から出される廃棄物（木屑など），副産物（モミ殻，牛糞など），ごみ，廃食油などを燃焼させてエネルギー源とする方法である。廃棄物を利用できるので無駄がない反面，廃棄物回収に手間がかかるという欠点がある。これに対し，植物（栽培物）系バイオマスでは，サトウキビ，ナタネなどの植物をエタノール（CH_3CH_2OH）やメタノール（CH_3OH）などの燃料用アルコールなどに転換して利用する。バイオマスエネルギーは，もともと大気中にあった

二酸化炭素（CO_2）が光合成によって植物の体内に固定化されたエネルギーであり，その燃焼によって大気中に CO_2 が再放出される．しかしながら，バイオマス生産を繰り返すことで，CO_2 を再び植物体内に固定化することができるので，化石燃料のように CO_2 を増加させることはない（**カーボンニュートラル**）．また，風力や太陽熱などの自然エネルギーとは違って，燃料として貯蔵・輸送できるという大きなメリットを有している．バイオマスの進展により，従来の農業国がエネルギー輸出国に変貌する可能性もある．たとえば，ブラジルではサトウキビを利用したエタノールの生産が盛んで，すでに 300 万台のエタノール車と，1500 万台のエタノール/ガソリン混合燃料対応車が走っている．わが国においても，大都市圏を中心に，通常のガソリンにエタノールを 3%混合したバイオガソリン（E 3）の導入が検討されている．

1.3.2 非循環エネルギー

a. 化石燃料（fossil fuel）

化石燃料とは，石炭，石油，天然ガスのように，炭素を主成分とする有機物からなる一次エネルギーの総称である．これらは，太古の時代に地球上に生息していた動植物や微生物の死骸が地中に堆積し，数百万年以上の年月をかけて変成してできたと考えられており，これがその名の由来となっている．化石燃

表 1.3 化石燃料およびウランの分布・埋蔵量・可採年数

		石油	天然ガス	石炭	ウラン
確認可採埋蔵量		1兆1886億バレル	180兆 m^3	9091億 t	459万 t
可採年数		41 年	67 年	164 年	85 年
地域別生産比率 [%]	中東	61.8	40.6	—	0.2
	中南米	8.5	4.0	2.1	3.6
	アフリカ	9.4	7.8	5.5	20.5
	旧ソ連	10.0	32.4	17.3	28.7
	アジア・太平洋	3.5	7.9	32.7	27.2
	北米	5.1	4.1	28.0	17.1
	欧州	1.6	3.2	14.3	2.8
統計年		2004	2004	2004	2003

（注） 1 バレル＝159 l

料の生成には長い年月を要するため，有限な非循環エネルギーである．おもな化石燃料の生産地と可採埋蔵量，可採年数を表1.3に示す．**可採年数**は次式で定義され，「現在のペースで生産（消費）を続けた場合，あと何年でなくなるか」を意味する．

$$可採年数 = \frac{可採埋蔵量}{その年の生産量} \tag{1.15}$$

石油，天然ガスは21世紀中に，石炭は約200年後には枯渇することが懸念される．現在，全世界の一次エネルギー供給の約90％を化石燃料に依存していることを考えると，後述する環境問題への対処も含め，化石燃料に替わる新しい一次エネルギーの利用技術開発を急がなくてはならない状況にある．今後，資源探査技術の進歩などによって可採埋蔵量が増えたとしても，BRICs諸国などの急激な経済成長による生産量増加がこれを上回れば，可採年数は将来的に減少する可能性さえある．有機物を主成分とする化石燃料の燃焼にはCO_2の排出を必ず伴う．バイオマスエネルギーとは異なり非循環エネルギーである化石燃料の燃焼によって排出されたCO_2は，大気内に蓄積される（大気中での寿命200年）．単位発生エネルギーあたりのCO_2排出量は，石炭を100とすると，石油77，天然ガス63であり，可採年数の最も長い石炭の排出量が最も多い．

　CO_2は**温室効果ガス**（greenhouse effect gas）の一種で，地表面から大気中へ放射される赤外線を吸収する性質があり，これが昨今の地球温暖化の主たる原因と考えられている．温室効果ガスはCO_2のほかに，CH_4，N_2O，HFC，PFC，SF_6の全6種類があり，地球温暖化に寄与する比率は，おもなものとしてCO_2が60％，CH_4が15％，N_2Oが5％程度である．

b．原子核燃料（nuclear fuel）

　ある元素が質量数の小さな別の元素2つに分裂する反応を核分裂反応と呼ぶ．自然界に存在する物質で核分裂反応を起こす物質としてはウラン（U）とトリウム（Th）があり，原子核燃料と呼ばれる．原子核燃料は，核分裂性物質と親物質とに分類される．前者はそれ自身が核分裂反応を起こすのに対し，後者はそれ自身では核分裂反応をほとんど起こさないが，核反応系列の中で核分裂性物質に変化する．現在，原子力発電所において利用されている原子核燃

料はほとんどがウランである．ウランは花崗岩などの岩石中に極微量含まれており，今日地下資源として採掘されているウラン鉱床は，長い年月をかけてこの微量ウランが雨水に溶けて海に流れ出し堆積して形成されたと考えられている．その可採埋蔵量などは表 1.3 に示した通りであり，石油と同様に 21 世紀中に枯渇すると予想されている．なお，海水中には現在でも数十億 t ものウランが溶け込んでいるとされるが，その濃度は ppb（part per billion，10 億分の 1）オーダーときわめて低く，その回収技術は未だに確立されていない．

天然のウラン鉱石のおもな成分は，ウラン同位体 ^{235}U と ^{238}U である．含有率はそれぞれ 0.7%，99.3% であるが，大部分を占める ^{238}U は親物質であり，核分裂性物質として利用できるのは ^{235}U だけである．原子力発電では，遠心分離法などによって ^{235}U の濃度を 3〜4% 程度に高めた濃縮ウランが燃料として利用される．また，親物質である ^{238}U は，原子炉中で核分裂反応によって生成した中性子を吸収して自然界には存在しない元素プルトニウム（^{239}Pu）に変換される．^{239}Pu は ^{235}U と同じ核分裂性物質であり，これを原子核燃料として再利用すれば実質的なウランの可採年数は飛躍的に増加するため，その利用技術の確立に大きな期待が寄せられている（2.3.4 項および 3.3 節参照）．

1.4 環境とエネルギー

非循環エネルギーの利用に際しては，燃焼反応や核分裂反応などによって資源として閉じ込められていたエネルギーを開放する必要があり，その過程で種々の副産物や廃棄物を生じる．エネルギーの大量消費に伴い，廃棄物の量は年々増加を続け，地球規模での自然環境に深刻な影響を及ぼしつつある．たとえば，有機物を主成分とする化石燃料を燃焼させた場合，炭素，窒素，硫黄の酸化反応によって，二酸化炭素（CO_2），窒素酸化物（NO_x），硫黄酸化物（SO_x）などが発生する．これらのうち，NO_x と SO_x は，酸性雨や光化学スモッグの原因物質として 1980 年代頃からその有害性が認識され，現在では脱硫・脱硝技術の進歩によりその環境へのインパクトはかなり低減されている．これに対し CO_2 は，その排出量は NO_x や SO_x に比べて桁違いに多いものの，無毒であることから当初は環境への影響はほとんど考慮されていなかった．

a. 地球温暖化とその現状

ところが，1990年代に入ってから，化石燃料の大量消費による大気中 CO_2 濃度の増加による**地球温暖化**（global warming）が問題視されるようになり，CO_2 排出量規制に関する国際的取り決めが制定されるようになった．大気の CO_2 濃度は，18世紀末の産業革命以前の約280 ppm から現在の367 ppm（part per million, 100万分の1）へ増加した．この間，平均気温は約 0.6℃，海面水位は 0.1〜0.2 m 上昇したとされており，さらに21世紀に入ってからは世界各地で異常気象の発生が毎年のように報告されるようになった．地球温暖化の原因は，大気中に蓄積した CO_2 を含む温室効果ガスへの地球表面から放射される赤外線の吸収であると考えられており，その対策は地球規模で行う必要がある．1997年に京都で開催された気候変動枠組条約第3回締約国会議（COP 3）において，CO_2 を含む温室効果ガスの削減目標が国ごとに設定された（京都議定書）．わが国に対しては，1990年の CO_2 排出量（12億6100万 t）を基準としてこれを2010年までに6%削減する目標が課せられている．しかしながら，世界最大の CO_2 排出国である米国の離脱や，急激な経済成長により化石燃料の消費量が急増している中国とインドが枠組みから除外されているなど，制度的有効性を疑問視する声があるのも事実である．さらに技術的にもその目標達成は容易なことではなく，わが国の2003年の CO_2 排出量は，1990年に比べ目標とは逆に12%増加している．一方，ドイツ，イギリスの2003年の CO_2 排出量は，それぞれ15%，8%減少している．わが国において目標を達成するためには，太陽光発電や風力発電などの自然エネルギーを利用した分散型電源の開発とともに，CO_2 をほとんど排出しない原子力発電を活用することが重要と考えられる．

b. 電源構成とエネルギー

しかしその一方で，電力系統に接続された分散型電源の増加は，電力系統の電圧・周波数の不安定要因ともなる．また，**発電原価**（generating cost）を比べると，太陽光発電 20〜30円/kWh，水力発電（揚水発電を含む）13.6円/kWh，風力発電（大規模）10〜14円/kWh，石油火力発電 10.2円/kWh，石炭火力発電 6.5円/kWh，天然ガス火力発電 6.4円/kWh，そして原子力発電 5.9円/kWh の順に安くなる．電気エネルギーを発生する発電事業では，エネ

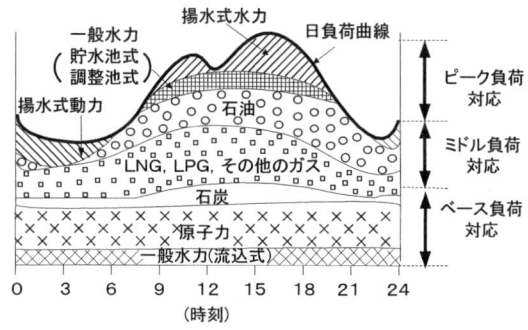

図 1.13 電源のベストミックス（1日の負荷変動に対する電源の効果的組み合わせ）

ルギーの安定供給，経済性，運用性，そして環境性を考慮した**電源のベストミックス**（図 1.13）が図られる．エネルギーの安定供給では，石油依存性から脱却し石油代替エネルギーや自然エネルギーの積極的な導入が進められている．**電源の経済性**は，固定費と運転時間によって変化する燃料費などの可変費に分けて評価する．ベース負荷を供給する電源は運転時間が長いので，可変費の安い原子力や石炭火力が用いられる．電源の運用性では，電力の需要と供給をバランスさせるため，ピーク負荷の短時間に対応できる起動時間が数分程度の揚水発電が経済性より優先して使用される．原子力発電による発電電力量が増加する中，その夜間の余剰電力を水の位置エネルギーとして貯蔵し，そして昼間のピーク負荷時に貯めた水で発電する揚水発電の増設が必要となる．電源の環境性では，地球温暖化対策としては CO_2 排出量の少ない発電方式の発電量を増やすとともに，大気汚染防止の観点から SO_x と NO_x の排出の少ない燃料を選択する必要がある．

c. 地球温暖化対策と省エネルギー

地球温暖化を防止するには，エネルギー使用設備（家電製品含む）の省エネルギー（energy saving）化，エネルギー利用の効率化，そして廃棄物の資源循環化を同時に進めていく必要がある．特に，3R（reduce：廃棄物の発生抑制，reuse：再使用，recycle：再資源化）によって廃棄物問題を解決することは省エネルギーすなわち温室効果ガス削減に寄与する．わが国では，工場やビルの省エネルギーの推進は，エネルギー診断，省エネルギー方策の立案や設備

の導入などを国家資格のエネルギー管理士が行うとともに，これらの業務をビジネスとして展開するESCO（energy service company）事業として実施されている．事業者がエネルギーの合理化に努める指針として，省エネルギー法では，①燃料の燃焼の合理化，②加熱および冷却ならびに伝熱の合理化，③排熱の回収，④熱の動力などへの変換の合理化，⑤放射，伝導，抵抗などによるエネルギーの損失の防止，⑥電気エネルギーの動力，熱エネルギーなどへの変換の合理化が定められている．

【例題 1.3】 一般家庭が電気エネルギーを含むさまざまなエネルギーを消費するのに伴い，排出する CO_2 量を知る目的で CO_2 家計簿が使用される．最終利用の段階では CO_2 を排出しないものもあるが，利用までの発生・輸送に伴い排出される CO_2 量も含めて評価する．1か月に電気エネルギー 300 kWh，都市ガス 40 m^3，灯油 20 l，ガソリン（自動車燃料）100 l を消費する家庭が1か月に排出する CO_2 量はいくらか．ただし，CO_2 排出係数は，電気 0.37 kg/kWh，都市ガス 2.28 kg/m^3，灯油 2.49 kg/l，ガソリン 2.32 kg/l とする．

（解）電気エネルギーは $300 \times 0.37 = 111$ kg，都市ガスは $40 \times 2.28 = 91$ kg，灯油は $20 \times 2.49 = 50$ kg，ガソリンは $100 \times 2.32 = 232$ kg の CO_2 を排出する．よって，この家庭からは1か月あたり 484 kg，年間では約6 t の CO_2 が排出されることになる．ガソリンを燃料とする自家用車からの CO_2 排出量が全体の45％以上ときわめて大きく，電気エネルギーはその約半分である．

1.5 経済とエネルギー

エネルギーの大量消費が産業革命に端を発した史実が示す通り，エネルギー消費量は経済活動と密接な関連がある．図1.14は，主要国における一人あたり国内総生産（gross domestic product：GDP）と一人あたり一次エネルギー供給量の関係を示したもので，両者がほぼ比例関係にあることがわかる．同図は国民一人あたりのデータであるが，将来におけるエネルギー消費総量の予想に際しては，経済成長率とともに人口増加率を考慮する必要がある．2000年における世界総人口は約60億人，その増加率は1.3％であった．2050年頃には100億人を突破するとの予測もある．世界の地域別の人口分布とエネルギー

消費分布を比較すると図 1.15 のようになり，両者の比較から国民一人あたりのエネルギー消費に地域差があることがわかる．図 1.16 はさらに詳しく国別のデータを示したもので，先進諸国と開発途上国では一人あたりのエネルギー消費量に大きな格差がある．わが国と米国の一人あたりエネルギー消費量は，それぞれ世界平均の約 2 倍，4 倍である．

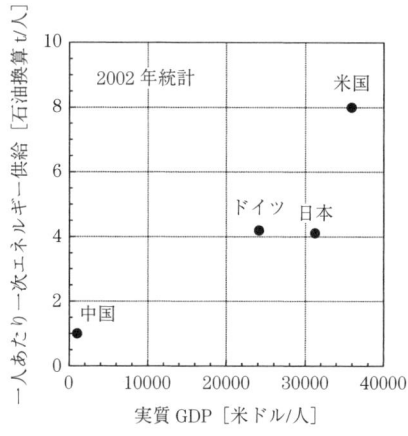

図 1.14 GDP と一次エネルギー供給量の関係

以上見てきたように，エネルギーの安定供給 (energy security)，経済成長 (economic growth)，環境保全 (environmental conservation) の 3 つの要素（頭文字から 3 E と呼ばれる）は互いに密接に関連している．これら相反する 3 つの問題（3 E 問題）を同時に解決しなければならない状況は，**トリレンマ** (trilemma) 症候群と呼ばれる（図 1.17）．この課題は，21 世紀中に人類が英知を結集して解決しなければならない．

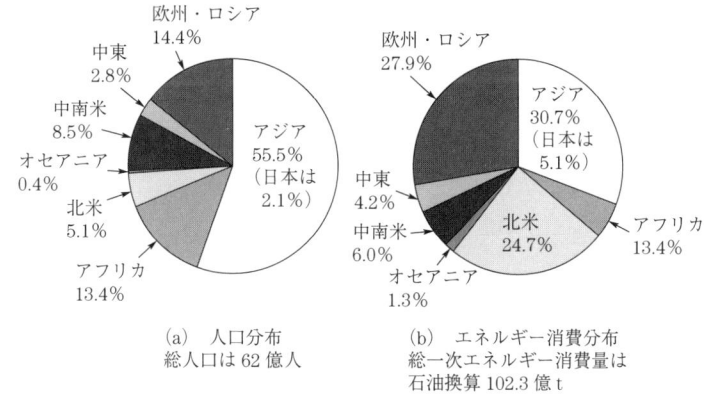

図 1.15 人口とエネルギー消費の地域分布

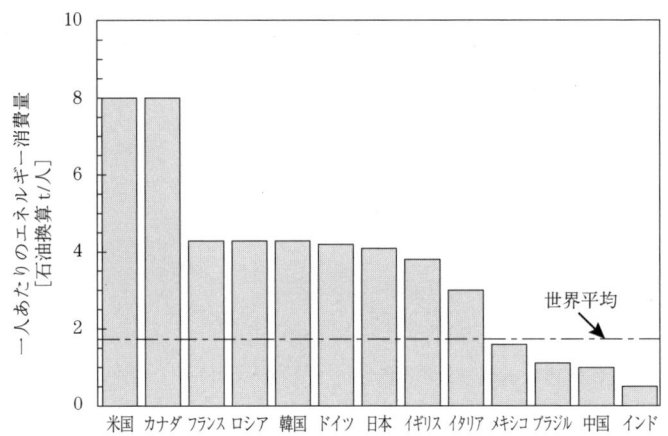

図 1.16　各国の一人あたりのエネルギー消費（2002 年）
（(財)エネルギー総合工学研究所資料）

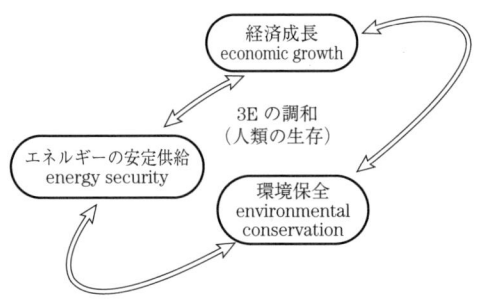

図 1.17　トリレンマ（3 E 問題）の概念図

1.6　わが国の電気エネルギー事情

　わが国は第二次世界大戦後の経済復興，1960〜1970 年代の高度経済成長の時代を経て世界でもトップクラスの経済大国，工業先進国に成長した．図 1.1 に示したように，その間にエネルギー消費量と電力消費量は経済成長と歩調をあわせて着実に増加してきた．しかしながら，国土が狭く地下資源に乏しいわが国は，一次エネルギー供給のほとんどを輸入に頼っており，その自給率は原子力を除くとわずか 4 ％ である．この値は，図 1.18 からもわかるように先進諸国の中では最も低く，そのエネルギー供給体制は国際的な政治情勢や紛争に

1.6 わが国の電気エネルギー事情

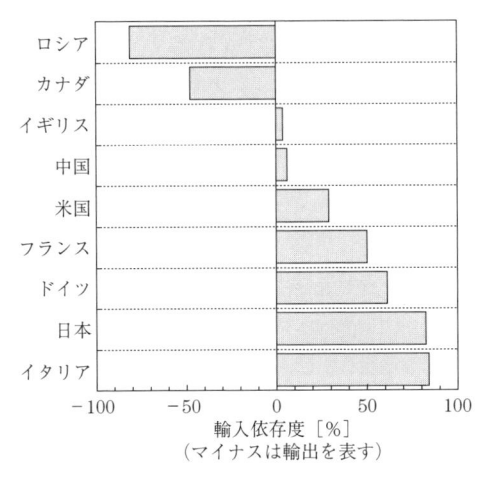

図 1.18 各国のエネルギー輸入率（2004 年）
(提供：資源エネルギー庁)

きわめて影響を受けやすい．また，エネルギー資源の輸入価格は為替レートの影響で大きく変化する．1970 年代に経験した 2 度の石油危機（産油国である中東地域の紛争により，石油の輸入量が一時的に急減した）はその典型的な例であり，これを契機としてそれまでの石油に偏重した一次エネルギー構成比率が見直され，石炭，天然ガス，原子力を含む多様化が図られてきた．さらに，約半年分の国内消費量に相当する石油が湾岸部のタンクや洋上に係留したタンカーに備蓄されている（国が 94 日分，民間が 83 日分を備蓄．2007 年統計）．しかし，石油以外の資源もほとんどが輸入に依存しており，エネルギー自給率が低い状況に変わりはない．電気エネルギーに着目してみると，発電電力量とその一次エネルギー源構成の内訳は図 1.19 のように推移しており，2004 年時点で化石燃料を原料とする火力発電が約 60%，原子力発電が約 30% となっている．水力を含む自然エ

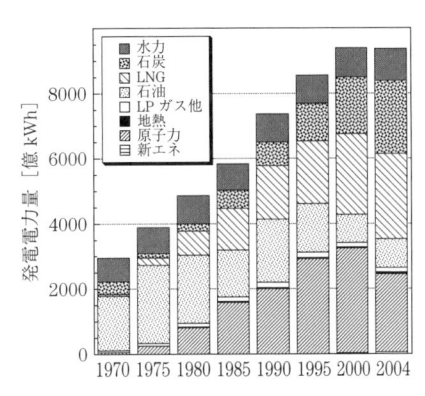

図 1.19 日本の発電電力量とその一次エネルギー源構成の推移

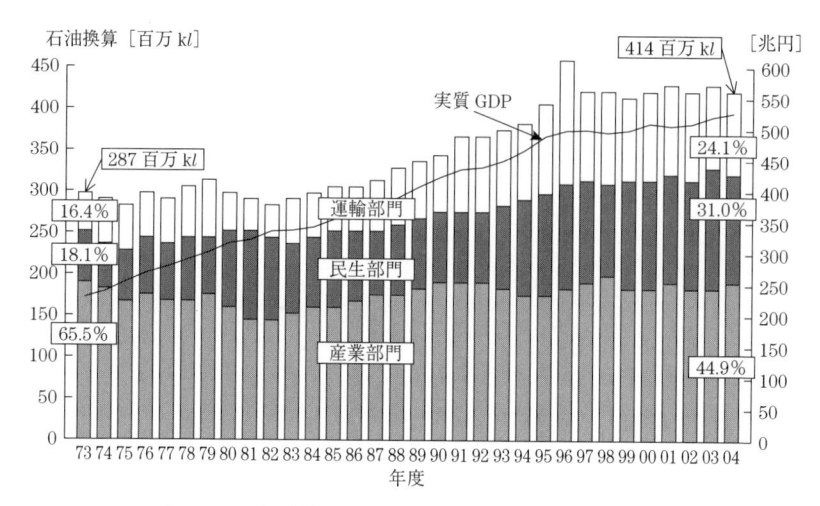

図 1.20 日本の最終エネルギー消費の内訳と実質 GDP の推移

ネルギー源の比率は約 10%にとどまっている．

わが国の最終エネルギー消費量は，図 1.20 に示すように GDP の増加に伴って拡大を続けている．そのエネルギー消費量を分野別に見ると，約 45%を占める産業部門は長年の省エネルギーと高効率化への取り組みで GDP の上昇に対してあまりエネルギー消費量を増加させていない．一方，約 24%を占める運輸部門と約 31%を占める民生（業務と家庭）部門は GDP の上昇につれエネルギー消費量も増加している（2004 年度統計）．その大きな理由は，運輸部門では大型自家用車の普及と台数の増加，そして民生部門では大型ビルや家庭でのオール電化や冷暖房需要の増大があげられる．

電気エネルギーは貯蔵が困難であるため，瞬間的に発生する最大電力を供給し得る発電設備容量が必要である．したがって，電力需要が特定の時間や季節に偏る場合，発電設備の平均稼働率が低下し無駄が生じる．1 年間を通じた最大電力の変化に着目すると，時代を追うごとに夏季（7 月〜9 月）のピークが顕著になっている．これは，エアコンの普及による冷房空調需要の増加によるものである．特に夏期に最大電力を記録した日における電力需要の時間変化を見てみると，図 1.21 のように 15 時頃にピークが現れている．たとえば 2001 年度では，1 日の電力の最大値と最小値は約 2 倍の差がある．

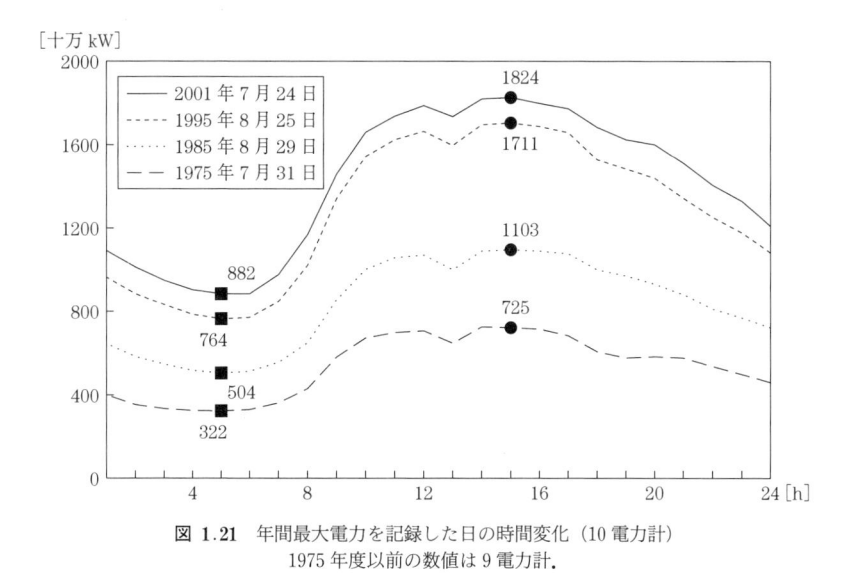

図 1.21　年間最大電力を記録した日の時間変化（10 電力計）
1975 年度以前の数値は 9 電力計.

発電設備の平均稼働率を表す指標である**年負荷率**（annual load factor）は次式で定義される．

$$\text{年負荷率} = \frac{\text{年間平均電力}}{\text{年間最大電力}} \times 100 \ [\%] \qquad (1.16)$$

図 1.22 に示すように，1970 年以降から年負荷率は基本的に低下傾向にあり，近年は改善傾向がみられるものの，2000 年度には約 60% となっている．年負荷率低下の原因としては，冷房空調需要の急増による夏季最大電力の尖鋭化，IT 社会への移行に伴う電力需要構造の変化などが考えられている．年負荷率を向上させる試みとして，ピークシフトやピークカットなどによる最大電力の抑制とともに，蓄熱式空調システムの導入や揚水発電などの電力貯蔵による**電力負荷平準化**（electric power load leveling）などが行われている．

電気エネルギー供給事業はきわめて公共性が高いため，わが国では電気事業法などの法律によって，各地域での電力事業はいわゆる「電力会社」が独占する状況にあった．しかしながら，1990 年代から通信や運輸業界で始まった規制緩和の流れは電力業界にもおよび状況は徐々に変わりつつある．1995 年には電気事業法が抜本的に改正され，市場競争原理を取り入れながら段階的に自

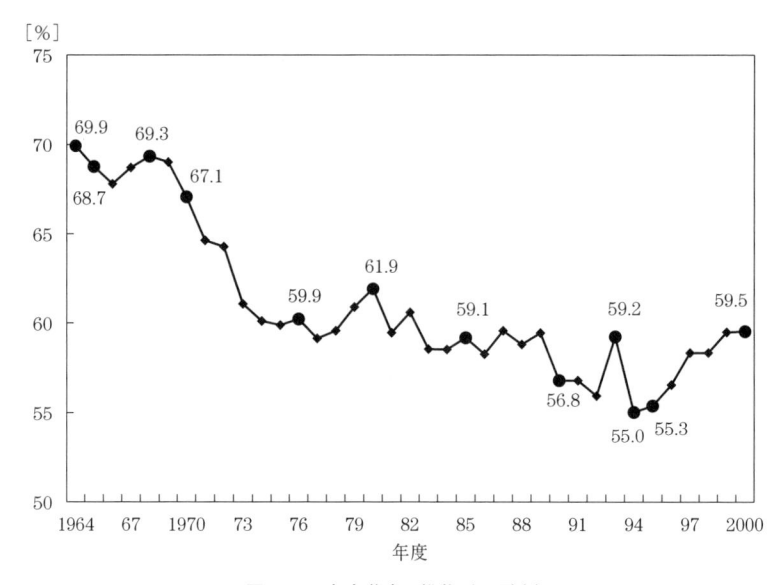

図 1.22 年負荷率の推移（10 電力）
1986 年度以前の数値は 9 電力．

由化が進められてきた（**電力自由化**）．その結果，2006 年時点において契約電力 50 kW 以上の需要家への供給が自由化対象となっており，これはわが国全体の電力需要の約 70% に相当する．電力自由化の背景には，国際的に見て割高とされる電力料金の引き下げが主たる目的として存在しており，電力会社には安定供給や環境への配慮と同時に一層の経営効率化やコストダウンを実現することが求められている．

【例題 1.4】 ある電力会社の年間発電電力量 W が 1300 億 kWh，年間最大電力 P_{max} が 2600 万 kW であったとき，年負荷率 L [%] を求めよ．

（解） 年間平均電力は P_{av}，

$$P_{av} = \frac{1300 \times 10^8}{365 \times 24} \cong 1.5 \times 10^7 \text{ [kW]}$$

であるから，(1.16) 式より年負荷率 L は

$$L = \frac{P_{av}}{P_{max}} \times 100 = \frac{1.5 \times 10^7}{2600 \times 10^4} \times 100 \cong 58 \%$$

となる．

演 習 問 題

1.1 以下の力学的エネルギーをジュール単位で求めよ．
 (1) 時速 72 km で運動している質量 1000 kg の物体がもつ運動エネルギー
 (2) 地表から 10 m の位置にある質量 500 kg の物体がもつ位置エネルギー
 (3) 毎分 120 回転で回転している半径 2 m，質量 5 kg の円板がもつ回転運動エネルギー

1.2 エネルギー変換に利用されている装置や現象を表に示す．表中の①〜⑩に相当するエネルギー形態を解答群から選びなさい．

エネルギー変換に利用されている装置や現象	変換前のエネルギー形態	変換後のエネルギー形態
発電機	①	②
太陽電池	③	④
燃料電池	⑤	⑥
植物の光合成	⑦	⑧
熱電素子	⑨	⑩

【解答群】
 A 電気エネルギー　　B 力学的エネルギー　　C 化学エネルギー
 D 核エネルギー　　　E 光エネルギー　　　　F 熱エネルギー

1.3 温度 0°C，質量 500 g の氷を融かして水とし，その水を加熱により昇温・沸騰させて 100°C の蒸気にするには，何 kcal の熱エネルギーを必要とするか．また，熱損失のない電気コンロで加熱する場合，何 kWh の電気エネルギー（電力量）を必要とするか．ただし，氷の融解潜熱は 80 cal/g，水の定圧比熱は 1 cal/(K·g)，水の蒸発潜熱は 539 cal/g である．

1.4 図 1.7 に示した同軸円筒線路に対して（1.2）式が成立することを示せ．

1.5 出力が 100 万 kW の石油火力発電所，石炭火力発電所，LNG 火力発電所，原子力発電所がある．それぞれの発電所を，稼働率 100% で 1 年間運転するのに必要な一次エネルギー（燃料）の重量を求めよ．ただし各発電所に関し，一次エネルギーの発熱量と発電効率（一次エネルギーから電気エネルギーへの変換効率）は下表の通りとする．

発電所	一次エネルギー	発熱量 [MJ/kg]	発電効率 [%]
石油火力	石油（原油）	45	40
石炭火力	石炭	25	40
LNG 火力	天然ガス	55	40
原子力	濃縮ウラン燃料	2500	40

1.6 下の表はある 4 つの国におけるエネルギー供給構造の比較を示したものである

(2004年統計).①〜④に対応する国名は，中国，米国，フランス，そして日本のどれか．判断理由も簡単に述べよ．

国名	①	②	③	④
一次エネルギー供給量［石油換算百万 t］	533	2326	1609	276
全エネルギーの輸入依存度［%］	82	33	11	56
一次エネルギーの石油依存度［%］	48	41	19	34
一次エネルギーの石炭依存度［%］	22	23	62	5
一次エネルギーの原子力依存度［%］	14	9	1	43

1.7 図 1.17 に示したトリレンマに関し，3 つの要素（3 E）が互いに相反するものであることを，2 つの要素の組み合わせごとに説明しなさい（組み合わせは全部で 3 通り）．

2. 従来の発電方式

2.1 水 力 発 電

　水のもつ力学的エネルギー（位置エネルギー，圧力エネルギー，運動エネルギー）は，河川・湖沼の流水と，潮汐，潮流そして波力の海水のもつエネルギーで，クリーンで再生可能な自然エネルギーである．

　一般の水力発電（hydro-power generation）は，河川・湖沼の水（雨水）のもつ位置エネルギーを，原動機（水車）で回転の運動エネルギーへ変換し，発電機を駆動することで80%以上の高効率の直接発電を実現する．また，揚水式発電は，夜間の余剰電気エネルギーを用い揚水することで水の位置エネルギーとしてエネルギー貯蔵（電力貯蔵）した後，昼間のピーク負荷時に貯蔵した水の位置エネルギーを利用して発電する．その揚水式発電の総合効率は70%程度である．

　電力需要の増加でベース負荷用の大規模な火力と原子力発電所が増設される中，負荷が大きく変動する日負荷曲線への対応として起動・停止（2〜3分以内）の容易な**水力発電システム**は，電力系統の安定化には不可欠で，新規開発が進められている．しかし，森と海を結ぶ河川の開発には，生態系を含めた環境保全対策を十分に講じる必要がある．

2.1.1 水力学と水力発電の基礎計算
a. 水の性質
　水の密度 w は，温度が 277 K のとき 1000 kg/m^3 で最大で，300 K になると 0.34%ほどわずかに減少する．また，圧縮率は小さくて常温常圧 20°C，1 atm

($=1.01325\times 10^5$ [Pa]$=1.033$ kg 重/cm^2) で 0.45×10^{-9} [Pa^{-1}] であるので，体積は 1 atm の圧力上昇で 4.56×10^{-3} [％] 減少するのみである．粘度（粘性係数）は 20℃ で約 1.0×10^{-3} [Pa·s] である．よって，温度と圧力の変動の少ない領域では水は非圧縮性の流体とみなせる．ところで，水流中の圧力が水の飽和水蒸気圧以下に低下すると，空気の放出や水蒸気（気体）の発生で水中に気泡が生成される現象（キャビテーション，cavitation）では，水流の圧力を決める流速や，飽和水蒸気圧を決める水温が問題となる．この飽和水蒸気圧は 0 から 20℃ の水の温度上昇で，0.006 から 0.023 atm へと大幅に上昇する．

b. 連続の定理と水頭

ダム（dam）は巨大な貯水槽である．この貯水の位置エネルギーを発電機の回転エネルギー（動力）に変換するために，水力学の知識が必要である．図 2.1 のように断面積 S_h [m^2] の大きな水槽に単位時間あたり流量 Q [m^3/s] の水が流入し，その基準面底部の断面積 S_v [m^2] のオリフィス（小さな穴）から同一流量の水が流出するとき，流入する流量が流出する流量と等しい場合，水槽の深さは不変である．よって，各位置での断面積，流量，流速には次の関係が成立し，**連続の定理**（principle of continuity）と呼ばれている．

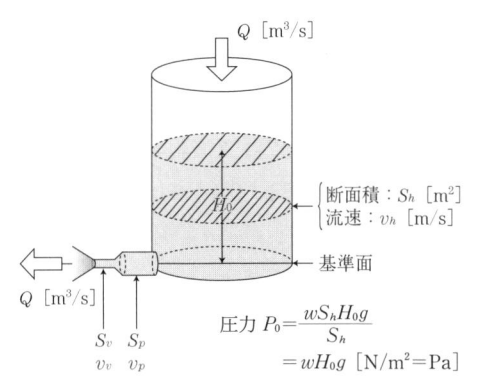

図 2.1 連続の定理と水のもつエネルギー
$Q=S_hv_h=S_pv_p=S_vv_v$ [m^3/s]
$v_h\ll v_p<v_v$
$S_h\gg S_p>S_v$

圧力 $P_0=\dfrac{wS_hH_0g}{S_h}$
$=wH_0g$ [N/m^2=Pa]

$$Q=S_hv_h=S_pv_p=S_vv_v=一定 \ [\text{m}^3/\text{s}] \tag{2.1}$$

単位時間あたりのエネルギーは次のように分類される．高さ H_0 [m] で流量 Q [m^3/s] の**流水のもつ位置エネルギー** ε_h は，

$$\varepsilon_h=wgQH_0=10^3\times 9.8\,QH_0 \ [\text{W}]=9.8\,QH_0 \ [\text{kW}] \tag{2.2}$$

で与えられる．ここで，重力加速度 g は地球上の位置（経度・緯度）により

若干異なるが，一般に $g=9.8\,\mathrm{m/s^2}$ の値を用いる．また，基準面の水槽側面の流水の圧力 P [Pa=N/m²] によるエネルギー ε_p は，その圧力 P に逆らって流量 Q の水を注入するに要するエネルギーと考えられ，

$$\varepsilon_p = PQ = (F/S)\cdot(Sv)$$
$$= Fv \quad [(\mathrm{N/m^2})\times(\mathrm{m^3/s})=\mathrm{Nm/s}=\mathrm{J/s}=\mathrm{W}] \tag{2.3}$$

で与えられる．なお，この単位時間あたりの圧力のエネルギーは動力（力 F ×速度 v）として取り出すことが可能である．

さらに，流速 v_v [m/s] をもつ流量 Q の**流水の運動エネルギー** ε_v は，

$$\varepsilon_v = \frac{wQv_v^2}{2} = \frac{10^3\times Qv_v^2}{2} \; [\mathrm{W}] = \frac{Qv_v^2}{2} \; [\mathrm{kW}] \tag{2.4}$$

で与えられる．

c. ベルヌーイの定理

ダムの水を水車に導く水圧管内の流水が図 2.2 に示すように A 点から B 点へ移動する場合を考える．このとき，流水の移動がエネルギーの損失なく起こるとすると，3 種類（位置，圧力，運動）のエネルギーの総和が各位置で保存され，次の関係式が成立する．

$$wgQh_1 + P_1Q + \frac{wQv_1^2}{2}$$
$$= wgQh_2 + P_2Q + \frac{wQv_2^2}{2} \; [\mathrm{W}] \tag{2.5}$$

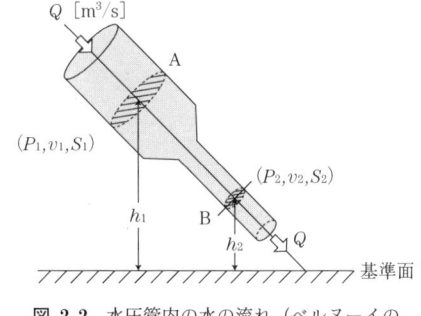

図 2.2 水圧管内の水の流れ（ベルヌーイの定理）
水圧管の折曲は水のエネルギー損失となる．

このエネルギー保存式の両辺を wgQ で除すと，次の**水頭**（water head）で表現した関係式が成立し，これを**ベルヌーイの定理**（Bernoull's theorem）という．

$$h_1 + \frac{P_1}{wg} + \frac{v_1^2}{2g} = h_2 + \frac{P_2}{wg} + \frac{v_2^2}{2g} = 一定 \; [\mathrm{m}] \tag{2.6}$$

これらの3種類の流水のエネルギーは，水柱の高さに換算して表現でき，それぞれ**位置水頭**（potential head）h_h $(=H_0)$，**圧力水頭**（pressure head）h_p $(=P/wg)$，そして**速度水頭**（velocity head）h_v $(=v_v^2/2g)$ と呼ばれている．

一方，A点からB点へ流水の移動の際，擾乱や管壁との摩擦によるエネルギー損失がある場合には，損失水頭（loss of head）h_L を考慮して，(2.6)式は次のように修正される．

$$h_1 + \frac{P_1}{wg} + \frac{v_1^2}{2g} = h_2 + \frac{P_2}{wg} + \frac{v_2^2}{2g} + h_L = 一定\ [\text{m}] \qquad (2.7)$$

【**例題 2.1**】 1 atm の水圧 P の圧力水頭と 8 m/s の流速 v の速度水頭はそれぞれ何 m であるか．

（解） 1 atm の圧力は $P=1.01325\times 10^5$ [Pa] であるから，圧力水頭 h_p は，$h_p = P/wg = 1.01325\times 10^5/(1000\times 9.8) = 10.3$ m となる．また速度水頭 h_v は，$h_v = v^2/(2g) = 8\times 8/(2\times 9.8) = 3.27$ m である．

d. 一般水力発電の落差と出力計算

図 2.3 に示すように基準面の放水面から取水面までの位置エネルギーを水頭に換算したものを**総落差**（gross head）H_G と呼ぶ．この位置エネルギーは，流水の摩擦や粘性抵抗などのエネルギー損失を受け，すべて水車 T （water turbine または water wheel）の入口での運動エネルギーに変換されない．このエネルギー損失を水頭に換算したものを**損失水頭**（または**損失落差**, loss of head）h_{lg} とすれば，水車の入口で有効に利用できるエネルギーを水頭に換算した**有効落差**（effective head）H_e は $H_e = (H_G - h_{lg})$ となる．

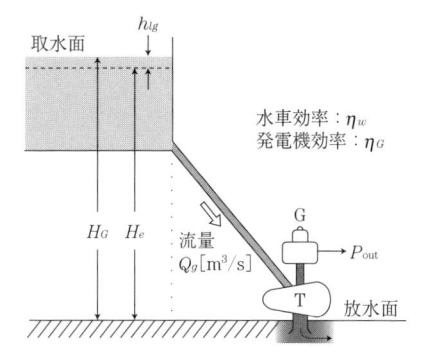

図 2.3 一般の水力発電機の出力
$P_{\text{out}} = 9.8\ Q_g(H_G - h_{lg})\eta_W \eta_G$

基準落差とも呼ばれる有効落差 H_e [m] で流量 Q_g [m^3/s] の流水は，水車入口での動力すなわち**発電所の理論出力** P_0 を次式で与える．

$$P_0 = wgQ_gH_e = 1000 \times 9.8\ Q_gH_e\ [\text{N·m/s} = \text{W}]$$
$$= 9.8\ Q_gH_e = 9.8\ Q_g(H_G - h_{lg})\ [\text{kW}] \tag{2.8}$$

この理論出力に水車と発電機の変換効率 η_W, η_G（小数）を乗じた値が**実際の発電機出力** P_out である．

$$P_\text{out} = 9.8\ Q_gH_e\eta_W\eta_G\ [\text{kW}] \tag{2.9}$$

さらに，この発電機出力（**発電端電力**）の一部は発電所内の電力 P_s [kW] として使用される．よって，送電端での出力（**送電端電力**）P_tr は $P_\text{tr} = (P_\text{out} - P_s)$ となる．なお，発電所内電力の使用比率すなわち所内比率は P_s/P_out 比で与えられる．

ところで，一定の発電機出力 P_out [kW] で時間 T_G [h] 発電した場合，**発電電力量** W_p [kWh] と**使用水量** V [m^3]（$= Q_g \times 3600\ T_G$）の間には次の関係式が成立する．

$$W_p = P_\text{out} \cdot T_G = (9.8\ H_e\eta_W\eta_G) \cdot Q_g \cdot T_G$$
$$= (9.8\ H_e\eta_W\eta_G) \cdot (V/3600)\ [\text{kWh}] \tag{2.10}$$

e. 揚水式発電の揚程と入力計算

揚水式発電では，深夜電力の入力 P_in [kW] で電動機 M（motor）を駆動し，電動機と直結したポンプ水車 P（揚水用のポンプと発電用の水車が同一のもの）で下池の取水面から上池の放水面へ水を揚水して，水の位置エネルギーとして電気エネルギーを貯蔵する．図2.4に示すように，揚水する取水面と放水面の落差を揚水時には**実揚程（総落差）** H_G [m] と呼ぶ．流量が Q_p [m^3/s] の揚水を実現する場合，ポンプ水車出口の理論入力 P_{P_0} は，この実揚程に水の摩擦抵抗などによる余分の**損失水頭** H_{lp} [m] を加えた**全揚程（有効揚程）** H_e（$= H_G + H_{lp}$）を揚水する必要があり，次式で与えられる．

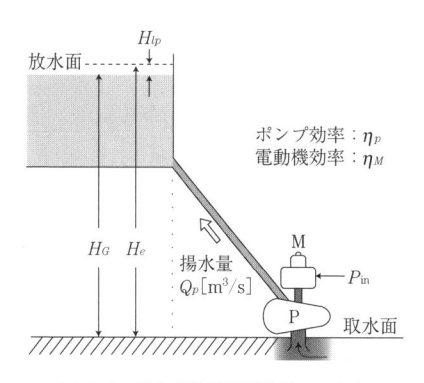

図 2.4 揚水式発電用電動機への入力

$$P_{P_0} = 9.8\ Q_pH_e = 9.8\ Q_p \cdot (H_G + H_{lp})\ [\text{kW}] \tag{2.11}$$

この理論入力は，**実際の電動機入力** P_{in} に電動機とポンプ水車の変換効率 η_M, η_P（小数）を乗じた値と等しくなる必要があり，次の関係式が成立する．

$$P_{in} = \frac{P_{P_0}}{\eta_M \cdot \eta_P} = \frac{9.8 \, Q_P H_e}{\eta_M \cdot \eta_P} \quad [\text{kW}] \qquad (2.12)$$

また，揚水式発電所の総合発電効率 η_{t0} は，揚水時の使用電力量 W_P（$= P_{in} \cdot T_P$，T_P [h] は揚水時間）と発電時の発生電力量 W_G（$= P_{out} \cdot T_G$，T_G [h] は発電時間）から，次式で算出される．

$$\eta_{t0} = \frac{W_G}{W_P} \times 100 \, \% \qquad (2.13)$$

上式では，上池への揚水量 V（$= 3600 \, Q_P T_P$）[m^3] がすべて発電時に使用されると仮定している．

【例題 2.2】 総落差 150 m の揚水式発電所がある．揚水・発電時とも 50 m^3/s の流量を使用し，水圧管の損失落差が総落差の 3% で同じで，同一時間運転する．ただし，ポンプ水車・電動機の総合効率を 85%，水車・発電機の総合効率 89% である．次の値を求めよ．

①揚水時の使用電力 P_{in} ②発電時の発生電力 P_{out} ③5時間運転時の揚水量 V ④同時間発電時の総合効率 η_{t0}

（解） ①有効揚程 $H_P = 150 + 150 \times 0.03 = 154.5$ m，$P_{in} = 9.8 \, QH_P/\eta_P = 9.8 \times 50 \times 154.5/0.85 = 89065$ kW ≒ 89.1 MW

②有効落差 $H_g = 150 - 150 \times 0.03 = 145.5$ m，$P_{out} = 9.8 \, QH_g \eta_g = 9.8 \times 50 \times 145.5 \times 0.89 = 63453$ kW ≒ 63.5 MW

③ $V = 50 \times (5 \times 3600) = 9 \times 10^5$ [m^3] $(= 9 \times 10^5$ [t]$)$

④ $\eta_{t0} = 5 \, P_{out}/5 \, P_{in} = P_{out}/P_{in} = 0.712$ (71.2%)

2.1.2 水力発電所の形式と河川利用

発電出力は落差と流量（使用流量）の積で決定される．この発電出力は**常時出力**（年間 355 日以上発生できる出力），**常時せん頭出力**（年間 355 日以上，毎日 4 時間以上発生できる出力），**最大出力**（ある程度の時間，安定に発生で

きる出力），そして**特殊出力**（最大出力と常時出力の差）に分類される．

a. 河川流量と流況曲線

河川の断面を単位時間に流れる水量が**河川流量**である．分水嶺で分けられるある流域面積（drainage area）をもつ河川の流量は，雨や雪の**降水量**（単位は mm）と，その河川に実際に流出する降水量の割合（**流出係数**）で決まり，季節変動する．森林が多いわが国では，降水の蒸発量が少なく保水力もあり，さらに傾斜も急であることから流出係数が約 0.6〜0.8 と比較的高い．

1 年の 365 日を暦日の順番に横軸にとり，縦軸に対象河川のその日の流量を記入した曲線が**流量図**（hydrograph）である．これに対して，発電計画での発電出力やダム貯水容量の決定に直接的に使用することを目的に，流量図を書き改めたものが**流況曲線**（duration curve）と**流量累加曲線**（mass curve）である．

流況曲線は，図 2.5 に示すように毎日の測定流量のうち大きいものから順番に流量を縦軸，そしてその流量を下回らない日数を横軸に表示したものである．通常使う流況曲線は過去 10 年以上の測定流量の平均値を用いる．

流量累加曲線は，図 2.6 に示すように豊水期の始まりを原点にし，日数を横軸にとり，縦軸にその日までの流量を累加した値（累加流量）で表示したものである．この図では渇水期に対応する AC 間の河川流量が発電での使用流量より少なく不足することから，豊水期に余剰な FD 間の累加流量（貯水容量）をダムに貯水して，年間を通した発電を可能にする．

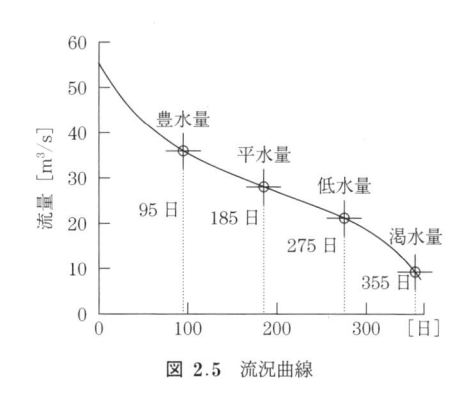

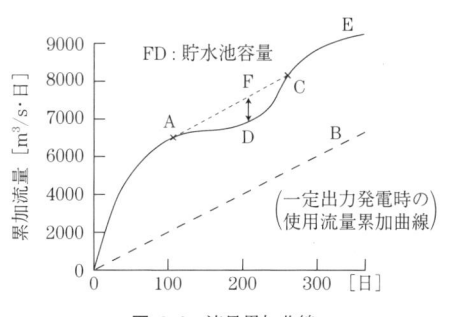

図 2.5 流況曲線

図 2.6 流量累加曲線

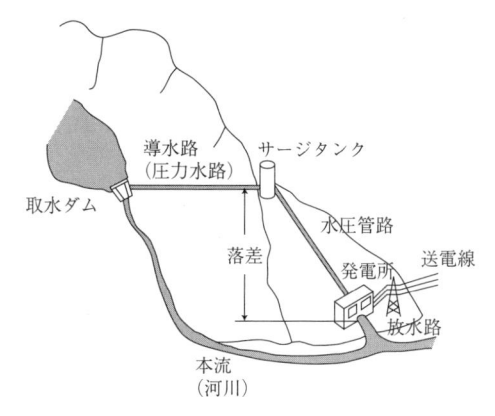

図 2.7 ダム水路式発電所

b. 落差のとり方と発電形式

発電出力（発電設備容量）を決定するもう1つの要因が**落差**である．隣接する河川間の高低差，また同一河川の勾配の地形を利用し落差を得る方法と，河川や湖沼をダムでせき止めて貯水して落差を得る方法とがある．前者が図2.7に示す**水路式発電所**（conduit type power plant），後者が**ダム式発電所**（dam type power plant）で，そして両方を組み合わせたものが**ダム水路式発電所**と呼ばれる．さらに，深夜の軽負荷時に余剰電力でポンプを運転して，下部貯水池（または調整池）から上部貯水池に揚水し，その水で昼間のピーク負荷時に発電する**揚水式発電所**（pumped storage power plant）がある．

c. 流量のとり方と発電形式

発電用ダムには，単に河川の水を水路式発電用に導くための**取水ダム**と，日々にわたり変動する河川の流量を人工的に調整し，その水の利用度を高めるための**貯水ダム**（調整池，貯水池）がある．

流れ込み式発電所（run-of-river type power plant）は河川の自然流量（自流）を調整せずに，そのまま取水して発電する発電所である．渇水量の2～3倍の最大使用流量をもち，ベース負荷へ供給する発電電力は河川流量すなわち天候によって左右される．

貯水池式発電所（reservoir type power plant）は貯水池（渇水期においても発電できるように豊水期の余剰水量を蓄える大容量の池）を設け，年間を通

してピーク負荷変動に応じて毎日6〜8時間発電する発電所である．

調整池式発電所（pondage type power plant）は調整池（数日以内の河川流量を調整できる容量の池）を設け，ピーク負荷の変動に応じて毎日4〜6時間発電する発電所である．図2.8は日間調整池式発電所での発電の使用流量の運用を示す．調整池へ上流から流入する自然流量が Q [m³/s] で，ピーク負荷時に使用流量 Q_p [m³/s] で継続時間 T [h] 発電し，そしてオフ負荷（軽負荷）時に使用流量 Q_0 [m³/s] で $(24-T)$ [h] 発電する場合である．調整池の所要容量（貯水量）V [m³] は，

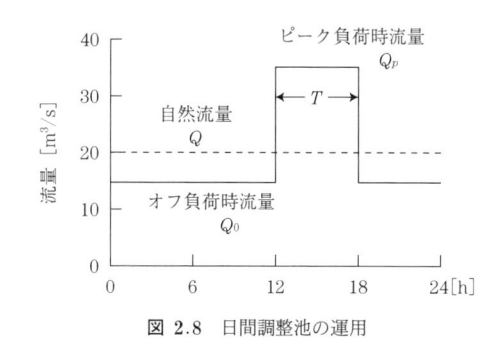

$$V = (Q_p - Q) \times 3600\,T$$
$$= (Q - Q_0) \times 3600\,(24 - T) \tag{2.14}$$

の関係が成立し，ピーク負荷時に不足する流量がオフ負荷時の余剰流量の貯水によって補われる．

逆調整池式発電所（regulating pondage power plant）は逆調整池（同一河川に多数の調整池や貯水池がある場合，下流部の放流量が大幅に変動するので，最下流部に自然流量に近い一定の放流を確保するための池）を設け，調整池式と同様な機能で発電する発電所である．

【例題 2.3】 有効落差が150 m，河川の自然流量が $10\,\mathrm{m^3/s}$ の水力発電所に調整池を設け，一日のうちピーク負荷時の4時間ほど22 MWの発電をさせ，それ以外のオフ負荷時も20時間一定の出力で発電する．このために必要な調整池の有効貯水量と，オフ負荷時の発電出力を計算せよ．ただし，発電所の総合効率を80%とし，一日の河川流量は全部使用されるものとする．

（解）ピーク負荷時の発電出力 $P_p = 22\,\mathrm{MW} = 2.2 \times 10^4$ [kW] を発電するために必要な使用流量 Q_p [m³/s] は，有効落差 $H = 150$ m，総合効率 $\eta = 0.8$ であるから，

$$Q_p = \frac{P_p}{9.8\,H\eta} = \frac{2.2 \times 10^4}{9.8 \times 150 \times 0.8} = 18.7 \text{ m}^3/\text{s}$$

となる．有効貯水量 V [m^3] は，自然流 $Q=10$ m^3/s であるから，

$$V = (Q_p - Q) \times 3600\,T = (18.7 - 10) \times 3600 \times 4 = 1.25 \times 10^5 \text{ [m}^3\text{]}$$

となる．次に，オフ負荷時の発電出力 P_0 [kW] は，有効落差の変動がないとし，その使用流量 Q_0 [m^3/s] とすれば，

$$P_0 = 9.8\,Q_0 H\eta = 9.8 \times \left(Q - \frac{V}{20 \times 3600}\right) \times 150 \times 0.8$$

$$= 9.8 \times (10 - 1.736) \times 150 \times 0.8 = 9.72 \times 10^3 \text{ [kW]} = 9.72 \text{ MW}$$

となる．

2.1.3 発電用水力土木設備

落差の取り方によって分類した発電方式は図 2.9 に示す水力設備の構成と配置をもつ．すなわち，ダムと取水口の取水設備，沈砂池を含む導水路から水槽（ヘッドタンクとサージタンク）までの導水路設備，水槽から水車（揚水式ではポンプ）までの水圧管路の設備，そして放水路の設備に分けられる．

a．取水設備

ダム，取水口およびその付帯設備から構成される．**ダム**（dam）は，目的によって取水用のダムと貯水用のダム，そして機能によって可動式ダムと固定式ダムがある．また，ダム本体の材料（コンクリート，アース，ロックフィル，鉄骨，土石，木造）と力学的構造（重力，アーチ，バットレス）からも分類される．図 2.10 はおもに使用される典型的な 3 種類のダムを示す．**重力ダム**（gravity dam）は水圧によるダム本体の転覆または滑りを自重で防ぐ方式で，**アーチダム**（arch dam）は水圧を水平方向のアーチ作用により両端へ伝え堅牢な岩盤で支える方式である．**ロックフィルダム**（rock fill dam）はその自重によって外力を支える方式の重力ダムの一種で，ダムの内部に水の浸透を防ぐ土質材料，コンクリートでつくられた遮水壁をもつ．

余水吐き（spill way）は，コンクリートダムではダム上部の中央部に設けられ，そのゲートには**テンダーゲート**や**ローラゲート**が使用される．**取水口**（intake）は，河川やダムから発電に必要な使用水量を取水する設備で，導水

2.1 水力発電

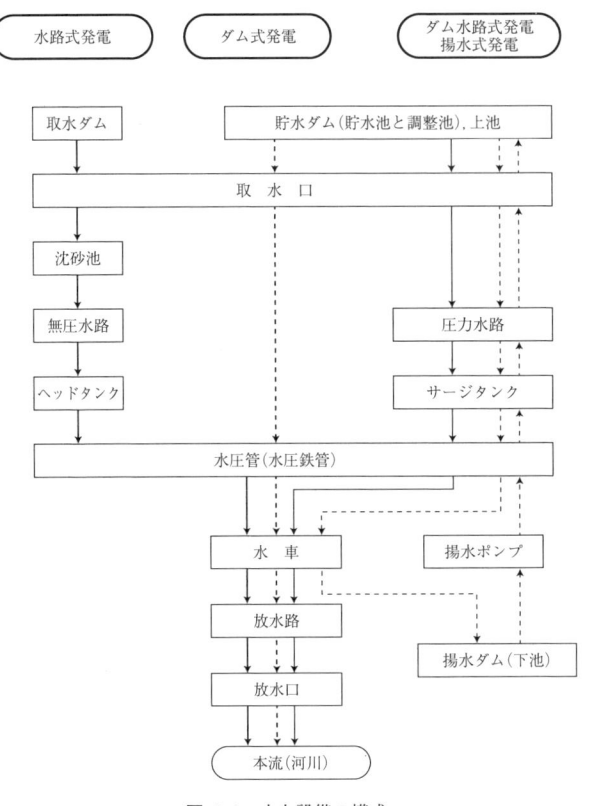

```
[水路式発電]      [ダム式発電]      [ダム水路式発電
                                    揚水式発電]

    取水ダム          貯水ダム(貯水池と調整池), 上池
         ↓                  ↓
         └──────→ 取 水 口 ←──────┘
              ↓
            沈砂池
              ↓
            無圧水路              圧力水路
              ↓                    ↓
           ヘッドタンク          サージタンク
              ↓                    ↓
              └──→ 水圧管(水圧鉄管) ←──┘
                        ↓
                      水 車         揚水ポンプ
                        ↓             ↓
                      放水路       揚水ダム(下池)
                        ↓
                      放水口
                        ↓
                     本流(河川)
```

図 2.9　水力設備の構成

路への流木，流雪，土砂の流入を防ぐための**鋼鉄製のスクリーン**が設置される．

b. 導水路設備

取水口からの流水を水圧管へ導く設備で，**導水路**（conduit）と**水槽**（tank）で構成される．水路式発電では，取水口からの流水の土砂を除去する**沈砂池**（直径 0.5～1.5 mm 程度の土砂を沈殿させ，流速は 0.3 m/s 程度である）が設けられる．

導水路は，内部圧が大気圧の無圧水路（勾配と流速は 1/500～1/1500 と 2～4 m/s）と大気圧以上の**圧力水路**（勾配と流速は 1/500～1/1000 と 3～5 m/s）に大別され，構造的には**開きょ**，蓋のある**暗きょ**，そして**トンネル式**が

ある.なお,河川や道路を横断する場合には,**水路橋**または**サイフォン**を利用する.

導水路と水圧管の間には,無圧水路の場合には**上水槽**(**ヘッドタンク**,head tank)が,また圧力水路の場合には**調圧水槽**(**サージタンク**,surge tank)が流量調整と水圧調整のために設置される.

水圧管路の水車側出口での弁を急閉または急開すると,水の運動エネルギーが圧力エネルギーに変換され,水圧管路内に圧力の急上昇または急降下が起こる.このとき,発生した圧力波が水圧管内を伝わり水圧管出口に達する現象が**水撃作用**(water hammering)と呼ばれる.

c. 水圧管路

水圧管路は水槽または貯水池から水車入口までの水圧管,固定台,支台からなる.**水圧管**(penstock)はおもに軟鋼と高張力鋼の鉄管で,PCコンクリート管でつくられる場合もあり,水撃作用による強力な圧力変化にも耐えられる十分な強度を必要とする.

水圧管の内部直径 D [m] は,流量 Q [m³/s],流速 v [m/s] とすると,簡単には $D = \sqrt{4Q/\pi v}$ で与えられる.

水圧管の厚さ T [m] は,管内直径 D [m],水圧 P [Pa],管板の許容応力 σ [Pa],安全率 f (1.5程度),継手効率 η (0.90〜0.95) とすれば,$T = (PDf)/(2\sigma\eta)$ で与えられる.実際には,腐食による摩耗を考え,水圧管の厚さは計算値より2mm程度厚くする.

d. 放水路の設備

水車からの流水を放水河川に導く水路で,トンネルや暗きょが使用される.

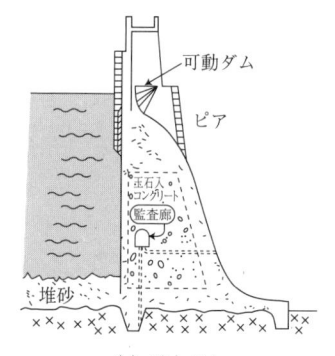

(a) 重力ダム

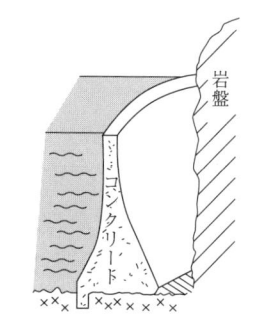

(b) アーチダム

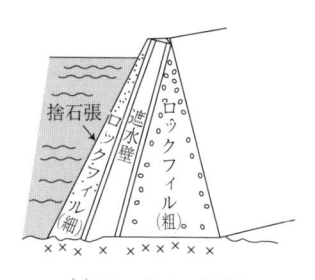

(c) ロックフィルダム

図 2.10 典型的な3種類のダム

この放水路が長い場合には，使用流量変動による圧力変化が起こるので，水路の途中にサージタンクを設置する場合もある．

放水路の河川出口が**放水口**である．土砂の逆流を防ぐために，**もぐり堰**を設ける．

2.1.4 水車の種類と構造

水力発電機（同期発電機）の回転子を駆動する原動機が**水車**である．水車は，有効落差に対応する位置エネルギーを回転の機械エネルギーへ変換するもので，速度水頭を利用する**衝動水車**（impulse water turbine）と圧力水頭を利用する**反動水車**（reaction water turbine）に大別される．異なる落差と使用流量の条件で効率的なエネルギー変換を行うために，表 2.1 に示す異なる構造の水車が用いられる．また，**ポンプ水車**（pump turbine）は発電時に使用される水車と揚水時に使用されるポンプが同じもので，これには反動水車が利用される．

a. 衝動水車

ペルトン水車は，水圧管出口に口径の小さい**ノズル**を設け，水の圧力エネルギーを高速の**ジェット**として運動エネルギーに変換し，そのジェットを**円型ランナ**の**ディスク**に装着した**バケット**に衝突させ回転させる構造である（図

表 2.1 水車とポンプ水車の種類と適用

				落差 [m]	流量 [程度]
水車	衝動水車	ペルトン水車		300 以上	小
		ターゴインパルス水車		25〜300	小
	(中間)	クロスフロー水車		5〜150	小
	反動水車	フランシス水車		30〜500	中
		プロペラ水車	カプラン水車	15〜80	大
			固定羽根プロペラ水車	5〜80	中
			斜流（デリア）水車	40〜180	中
			円筒（チューブラ）水車	3〜20	大
ポンプ水車	フランシス型ポンプ水車			30〜600 m の揚程	
	プロペラ型ポンプ水車			20 m 以下の揚程	
	斜流型ポンプ水車			20〜80 m の揚程	

2.11).水車の軸方向は横軸が多く,またノズル数は単射,2射,4射などがある.

負荷変動による使用流量調整は,調速機と連動したノズルの先端内部の**ニードル弁**でそのノズルの開度を変化して行う.負荷急減時には,ノズルとランナの中間の**デフレクタ**でジェットの方向を一時そらせ,その後にノズルを徐々に閉鎖して水車の速度上昇と水圧管の圧力上昇(水撃作用)を抑制する.さらに,水車を停止する装置として,バケットの背後へ逆噴射ジェット水を当て水車回転を制動するための**ジェットブレーキ**が装備される.

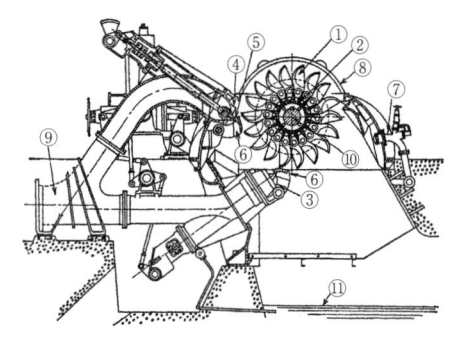

図 2.11 横軸ペルトン水車の構造
①バケット(ランナ),②ディスク(ランナ),③ノズル,④ノズル先端,⑤ニードル,⑥デフレクタ,⑦ジェットブレーキ,⑧上部ハウジング,⑨水圧管,⑩主軸,⑪放水面.

b. 反動水車

フランシス水車は,水圧管出口と直結した渦巻き型の**ケーシング**(casing),ケーシングを補強し圧力水の方向を整える**スピードリング**,流量調整機能をもつ**案内羽根**(**ガイドベーン**,guide vane),圧力水の反動力(角運動量の時間変化)で駆動回転する**ランナ**,そしてランナから放出された流水を放水

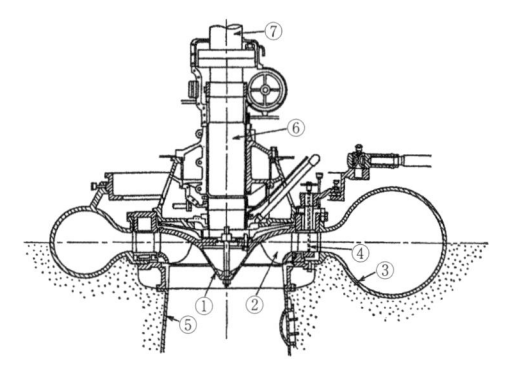

図 2.12 フランシス水車の構造
①ランナ,②ランナ羽根,③ケーシング,④案内羽根,⑤吸出管,⑥主軸,⑦中間軸.

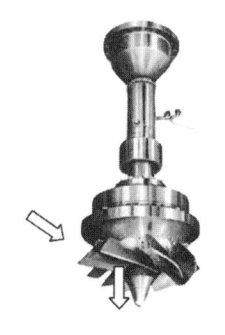

(a) フランシス水車　　(b) 斜流水車　　(c) プロペラ水車
　（遠心水車）　　　　　　　　　　　　　　（軸流水車）

図 2.13　反動水車の種類と水流

路に導く**吸出管**（draft tube）で構成される（図 2.12）．この水車のガイドベーンからの圧力水はランナ羽根の外周から入り内周から出てその方向角を 90°変える．

反動水車には，図 2.13 に示すようにランナの形状の違いによって，フランシス水車以外の各種プロペラ水車があり，水車の軸方向は一般に立軸である．

固定羽根プロペラ水車と**カプラン水車**は，ランナの回転軸に対して水流の流入方向と流出方向が同一のものである．特に，カプラン水車は流量が変化した場合でも高い効率を得るためにプロペラ（羽根）の方向が可動式（可動羽根）となっており，落差によって異なる 4〜8 枚のプロペラを有する．

円筒水車（チューブラ水車）は，円筒のケーシング内に発電機と水車を一体化して設置したもので，おもに小水力用に用いられる．

斜流水車（デリア水車）は，ランナの回転軸に対して水流は斜めから流入するもので，可動羽根をもつ水車である．この水車の特性は，流水が直角方向から流入する固定羽根のフランシス水車と流水が平行方向から流入する可動羽根のカプラン水車の中間的なものである．

c. 吸出管

吸出管は，図 2.14 に示すようにランナ出口からの流水を放水面より下部の水中へ放水することで，ランナ出口と放水面の落差（吸出高）h_1 の位置エネルギーを有効に利用し，またランナ出口の流速 V_1 の運動エネルギーを回収す

るためのものである．ここで，吸出管出口を基準面Bとし，損失水頭H_dとしてベルヌーイの定理を適用すると，次の関係式が成立する．

$$h_1 + h_2 + \frac{P_A}{wg} + \frac{V_1^2}{2g} = \frac{P_B}{wg} + \frac{V_2^2}{2g} + H_d \tag{2.15}$$

ランナ出口Aの圧力水頭P_A/wgは (2.15) 式を変形して，次の式で与えられる．

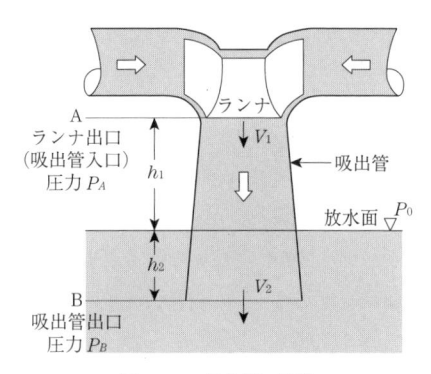

図 2.14 吸出管の構造
h_1：吸出高，H_d：損失水頭
$P_B = P_0 + wgh_2$

$$\frac{P_A}{wg} = \frac{P_0}{wg} - h_1 - \left(\frac{V_1^2}{2g} - \frac{V_2^2}{2g} - H_d\right) \tag{2.16}$$

ところで，放水面に働く大気の圧力水頭P_0/wgは 10.33 m であるから，吸出高h_1（一般に 6〜7 m）を長くしたり，V_1を大きくすると，P_Aの値が水の飽和水蒸気圧より低くなる．このとき，水流中に水蒸気の気泡が発生し，その気泡が圧力の高い領域で破裂すると大きな衝撃力を発生して水車の振動，ランナやバケットの壊食（浸食）そして水車効率の低下を招く．この現象は**キャビテーション**（cavitation）と呼ばれる．キャビテーションの発生条件を表す**トーマのキャビテーション係数**（Thoma's cavitation coefficient）σ_cは次式で与

表 2.2 水車とポンプ水車の無拘束速度

区分	種類	無拘束速度／定格速度	比速度の限界	比速度
水車	ペルトン	1.5〜2.0	$N_s \leq \frac{4300}{H+195} + 13$	12〜23 m·kW
	フランシス	1.6〜2.2	$N_s \leq \frac{21000}{H+25} + 35$	60〜340
	斜　　流	1.8〜2.3	$N_s \leq \frac{20000}{H+20} + 40$	140〜370
	プロペラ	2.0〜2.5	$N_s \leq \frac{21000}{H+17} + 35$	250〜850
ポンプ水車	フランシス型	1.35〜1.6		20〜65 m·m³/s
	斜 流 型	1.7〜2.2		40〜120
	プロペラ型	2.0〜3.0		

えられ，その値は後述する水車の限界比速度（表2.2）を決定する．

$$\sigma_c = (H_a - H_v - H_s)/H \tag{2.17}$$

ここで，H_a は大気圧の圧力水頭（P_0/wg），H_v は水温に依存した飽和蒸気圧の圧力水頭（P_v/wg），H_s は吸出高，そして H は有効落差である．

2.1.5 水車の選定と調速設備

水力発電所の建設予定地での水車の選定には，落差，流量そして負荷の大きさとその変動に対する水車効率および発電原価などを考慮する必要がある．また，負荷が変動しても極数 p の同期発電機の電力系統周波数 f（わが国では，50 と 60 Hz）を安定に維持するために，**同期速度** $N_G = (120 f/p)$ [rpm] で水車を回転する必要がある．この水車の回転数を調整するのが**調速機**（governor）である．

a. 水車の比速度

幾何学的相似の水車はその寸法によらずほぼ同一の特性をもつ．このことから，有効落差 H [m]，定格回転速度 N [rpm : min^{-1}] で，ペルトン水車ではノズル1個または反動水車ではランナ1個あたりの最大出力 P [kW] をもつ水車形式の選定は，それと相似な単位落差 1 m で単位出力 1 kW を発生するに必要な水車の回転数すなわち**比速度** N_S（特有速度，specific speed）を用いて行われる．この比速度は次式で与えられ，その単位は [m・kW] である．

$$N_S = N \frac{P^{1/2}}{H^{5/4}}, \quad N = N_S \frac{H^{5/4}}{P^{1/2}} \tag{2.18}$$

一方，揚水発電用ポンプ水車の場合の**比速度** N_{SP} は，有効落差を揚程 H_P [m] に，また最大出力を最大流量 Q_P [m^3/s] に変え，単位流量 1 m^3/s を単位揚程 1 m 揚水するに必要な回転数である．この値は次式で与えられ，その単位は [m・m^3/s] でる．

$$N_{SP} = N \frac{Q_P^{1/2}}{H_P^{3/4}} \tag{2.19}$$

水車の種類を選定する場合，水車の種類と有効落差 H に依存した表 2.2 に

示す比速度の限界がある．小さい限界比速度をもつ水車を低落差で使用する場合，(2.18) 式で計算した定格回転速度がきわめて低下し，同期速度 ($N_G=120 f/p$) で水車を運転できなくなる．したがって，比速度の小さいペルトン水車とフランシス水車は中・高落差で，また比速度の大きいプロペラ水車は低落差で使用される．

実際には，水車は (2.18) 式で導出した定格回転速度 N より若干低い同期速度 $N_G=(120 f/p)$ で運転され，発電機の極数 p がその同期速度から決定される．

b. 水車の無拘束速度

送電事故などで水車が無負荷で運転されることを想定した場合，ある有効落差と流量で決まる水車の回転数は最大となる．この最大の回転速度が**無拘束速度** (runaway speed) と呼ばれ，水車の種類で異なる定格回転速度の 1.5〜2.5 倍の値をもつ（表 2.2）．よって，水車と発電機の回転部はこの高速回転による強力な遠心力に十分耐えるよう設計される．

c. 水車効率

水車効率 η_W は理論出力 $P_T (=9.8 QH)$ に対する機械出力 P_M の割合 $((P_M/P_T)\times100)$ で定義される．この値は水車の形式，出力そして比速度によって図 2.15 のように変化する．フランシス水車は最高効率が最も高いが，軽負荷時には効率が減少する．可動羽根をもつ斜流水車とカプラン水車は負荷の変化に対して高い効率を維持する．そして，ペルトン水車はカプラン水車ほど最高効率が高くないが，負荷の変化に対して比較的高い効率である．よって，水車の形式は負荷変動での効率変化も考慮して選定される．

d. 調速機

発電機の負荷が増加した場合，水車の回転速度の低下によって発生電圧の値 e（誘導起電力の実効値 $e=4.44 fW\phi$：W は 1

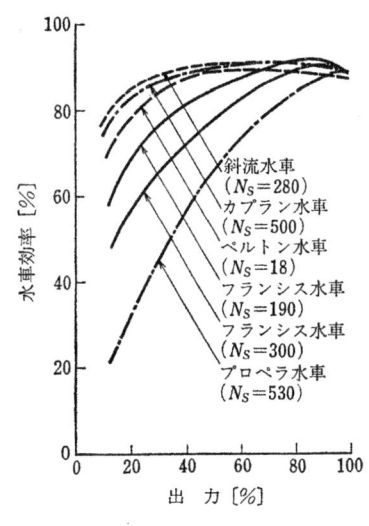

図 2.15 各種水車の効率

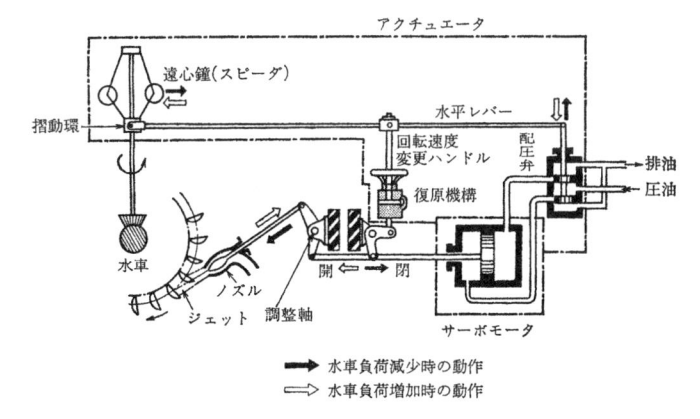

図 2.16 調速機の原理

相の直列巻回数，ϕ は各極の磁束）と周波数 f が低下する．このとき，ニードルバルブやガイドベーンの開口度が調整され，水車ランナへ流入する水量を増加することで水車の回転速度を上げ同期速度（商用周波数）に近づける装置が**調速機**である．

機械式調速機の構造は，図 2.16 に示すように**速度変化の検出部**，水量の調整装置を直接駆動する**サーボモータ**，そのサーボモータに送る油圧の方向を変える**配圧弁**，そして水量の過剰調整を安定化するための**復原機構**から構成される．この機械式では，速度検出に**スピーダ**（遠心錘）の遠心力の変化を利用する．

電気式調速機は，水車の速度変化を発生電圧の周波数偏差に比例して検出する速度検出部，速度負荷調整装置および増幅部に電気信号を使用し，その電気信号を機械操作に変換する方式である．

e. 速度変動率

回転速度 N [rpm] で出力 P [kW] の水車に相当する発電機負荷をしゃ断したとき，調速機で流量を速やかに減少させ，水車の回転速度の増加を抑制する．このとき，調速機には流量調整の不動時間 t [s] と閉鎖時間 T [s] があるため，水車には過剰なエネルギー W_{ov} が供給され，水車は最大の回転速度 N_m に達し，その後回転数が低下する．

水車の**速度変動率** δ は，負荷変化に対応する回転速度の変化に対する定格

回転数 N_n [rpm] の割合で,次式で表される.

$$\delta = \frac{N_m - N}{N_n} \times 100 \ \% \tag{2.20}$$

ここで,負荷しゃ断の場合に閉鎖時間の間で時間に比例して流量が減少すると仮定すると,水車への過剰エネルギー W_{ov} が**慣性モーメント** I ($=GD^2/4$ [kg·m²], GD^2:はずみ車効果, G:回転部質量, D:回転部直径) をもつ水車・発電機 (回転子) の運動エネルギー W_M ($=I\omega^2/2$; $\omega=2\pi f$:角速度) の増加に変換され,次式が成立する.

$$W_{ov} = 1000 \, P\left(t + \frac{T}{2}\right) = W_M$$

$$= \frac{1}{2} I \left(2\pi \frac{N_m}{60}\right)^2 - \frac{1}{2} I \left(2\pi \frac{N}{60}\right)^2 \ [\mathrm{J}] \tag{2.21}$$

最大回転速度 N_m を下げ速度変動率を低くするには,W_{ov} を小さくし,慣性モーメント I を大きくすればよい.なお,$N=N_n$ の全負荷からのしゃ断時の δ は約 35% 以内に収まるようにする.

f. 速度調定率

調速機を調整せず発電機の負荷 (有効電力) P が変化した場合,定常状態の水車の回転速度 N は図 2.17 に示すように負荷の増加に対して垂下特性をもつ.このとき,負荷が定格負荷 $P_{A1}=P_{An}$ から無負荷 $P_{A2}=0$ へ低下し,回転速度が定格回転速度 $N_{A1}=N_{An}$ から $N_{A2}=N_{A0}$ へ増加する場合,発電機 A の**速度調定率** R_A は次式で表され,その値が一般に 3〜5 % である.

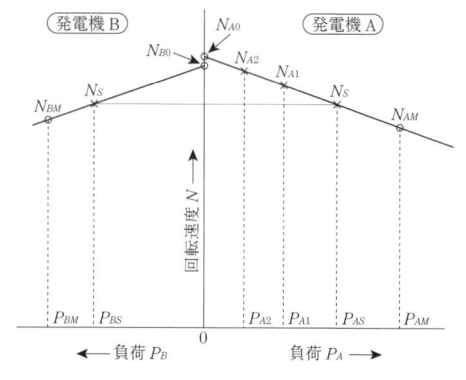

図 2.17 発電機の速度調定率と負荷分担 (並列運転)
P_{AS} と P_{BS} に負荷を分担し,N_S の回転速度で並列運転する.

速度調定数:$R_A = \dfrac{(N_{A2}-N_{A1})/N_{AM}}{(P_{A1}-P_{A2})/P_{AM}} \times 100 \ \%$

N_{AM}:定格回転速度 (数)
P_{AM}:定格負荷

$$R_A = \frac{N_{A0} - N_{An}}{N_{An}} \times 100 \ \% \qquad (2.22)$$

【例題 2.4】 有効落差 100 m，フランシス水車のランナあたりの機械出力 15000 kW，周波数 60 Hz の水車発電機の回転速度（同期速度）はいくらが適切か，また発電機の極数はいくらか．

（解）フランシス水車の限界比速度 N_s の式（表 2.2）より，

$$N_s = \frac{21000}{H+25} + 35 = \frac{21000}{100+25} + 35 = 203 \ \text{m·kW}$$

水車の回転速度 N [rpm] は比速度 N_s，有効落差 H [m] そして出力 P [kW] と，次の関係をもつ．

$$N = N_s \times \frac{H^{5/4}}{P^{1/2}} = 203 \times \frac{100^{5/4}}{15000^{1/2}} = 524.2 \ \text{rpm}$$

また，発電機の同期速度 N_G [rpm] は，極数 p と周波数 f [Hz] と次式の関係をもつ．$N_G = 120 \ f/p = 7200/p$，$p=12$ 極で $N_G = 600$ rpm，そして $p=14$ 極で $N_G = 514.3$ rpm となり，$N > N_G$ の条件を満たすものが適切である．よって，水車の適切な回転速度は 514.3 rpm で，発電機の極数は 14 極である．

2.1.6 水車発電機と揚水用発電電動機

水車発電機は水車で駆動される発電機である．数千 kVA 以上の中大容量用には立軸の**回転界磁型三相同期発電機**が，また数千 kVA 以下の小容量用には**三相誘導発電機**または単相誘導発電機が用いられる．その中で，構造の単純で安価な**かご型誘導発電機**は，小水力発電や風力発電に用いられ，電源から界磁電流の供給を必要とするため自立運転ができない．

揚水用発電電動機は，発電時に水車 T で駆動して発電機 G として運転し，揚水時にポンプ P を駆動する電動機 M として運転する同期発電電動機 GM（G と M 共用）である．このとき，GM と直列に接続されたポンプと水車が同じでない**タンデム式**とポンプと水車が同じの**ポンプ水車式**がある．これらの方式以外に，P-M と T-G の接続軸の異なる**別置式**がある．

a. 水車発電機

同期発電機は磁束をつくる界磁（回転子）と交流起電力を誘導する電機子

（固定子）で構成される．

水力発電機用の界磁である回転子は，多極（極数 $p=6 \sim 72$）の界磁をもち，系統周波数 $f=50$（関東以北）または 60 Hz（中部以西）を満たす低速の同期速度 $N=120\,f/p$ [rpm] で回転する．回転速度が大きくなく風損も少ないので構造が簡単で製作容易な突極型界磁が用いられる（**突極型同期発電機**）．

発電機の定格電圧は，発電容量 10 MVA 以下で 3.3 または 6.6 kV，10～50 MVA で 11 kV，40～100 MVA で 13.2，15.4 または 16.5 kV，100 MVA 以上で 15.4，16.5 または 18 kV である．同一容量では，発電電圧を高くすると導電材料を節約できるが，電機子巻線数を増加することにより固定子の溝数と絶縁材料とが増加する．水力発電機は鉄の使用量が多いので**鉄機械**とも呼ばれ，鉄損と機械損が増える．特に，立軸で低速大容量の重い回転子は，**かさ型**でその内部に**推力軸受**と**案内軸受**を設け横方向の水圧を支え，回転子の下部の**スラスト軸受**で縦方向の重量を支える．

b. 短絡比と電圧変動率

三相同期発電機の**短絡比**（short circuit ratio）K_s は，無負荷飽和曲線と三相短絡曲線から導出され，発電機の特性を与える基本量で，次のように定義される．

$$短絡比\ K_s = \frac{短絡電流}{定格電流} = \frac{V_n/(\sqrt{3}\,Z_S)}{\%Z_S V_n/(100\sqrt{3}\,Z_S)}$$

$$= \frac{100}{\%Z_S} = \frac{1}{Z_S(pu)} \tag{2.23}$$

ここで，Z_S と $\%Z_S$ は図 2.18 に示した同期インピーダンスと％インピーダンスで，V_n は定格電圧（線間電圧：$\sqrt{3}\,V$，V：相電圧）である．この短絡比は水車およびエンジン発電機では大きく $K_s=0.8 \sim 1.2$ で，タービン発電機（火力用）では小さく $K_s=0.5 \sim 1.0$ である．

短絡比の大きい水車発電機は同期インピーダンスが小さく，その電圧降下も低いことから**電圧変動率** δ_V が小さい．この電圧変動率は励磁と回転速度を変えず，定格負荷から無負荷にしたときの端子電圧の増加分をその定格電圧で除した割合を百分率で表したものである．特に，電圧変動率が良好で，線路充電

$r_a \ll X_s$ を仮定する．

(a) 遅れ力率：$|\dot{E}_0| > |\dot{V}|$

$X_s = X_a + X_l$
X_a：電機子反作用リアクタンス
X_l：電機子漏れリアクタンス
r_a：電機子巻線抵抗

$\dot{Z}_s = r_a + jX_s$ （同期インピーダンス）

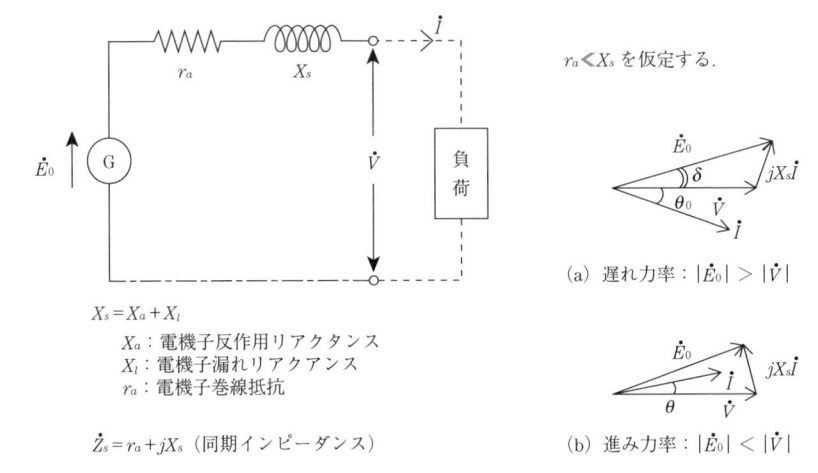

(b) 進み力率：$|\dot{E}_0| < |\dot{V}|$

図 2.18 同期発電機の一相あたりの単価回路

容量が大きい場合には，短絡比が 1.5～2.5 と大きな値をとることもある．

無負荷送電線を充電する場合，進み電流（電機子電流）が流れ，電機子反作用（励磁作用）による誘導起電力の増加が起こる．誘導起電力の増加で進み充電電流が増え，端子電圧も高くなる．最終的には界磁の磁束が飽和するので誘導起電力の増加が制限されるが，きわめて高い線路充電電圧（端子電圧）を達成する（**自己励磁作用**）．このとき，自己励磁作用を受けないためには，線路充電容量 Q_T [kVA] と線路充電電圧 V_T [kV] の場合，定格電圧 V_n [kV] で短絡比 K_s の発電機は，次の定格容量 Q_n [kVA] の条件を満たす必要がある．

$$Q_n \geq \frac{1+\sigma}{K_S}\left(\frac{V_n}{V_t}\right)^2 Q_t \tag{2.24}$$

ここで，σ は定格電圧での飽和係数（たとえば 0.1）である．この式は短絡比 K_S の大きい発電機ほど線路充電容量 Q_T を大きくできることを示す．なお，線路充電電圧 V_T は受電端電圧の上昇（**フェランチ効果**）を考慮して定格電圧 V_n の 90％以下に選択される．

c. 励磁機と電圧調整

同期発電機の回転子に N 極と S 極の界磁を形成するには界磁巻線に励磁電流を供給する直流電源（直流励磁機）が必要である．この励磁電流を供給し，

またその値を調整して発電機の端子電圧を系統電圧と同一にする**自動電圧調整装置 AVR**（automatic voltage regulator）の機能をもつものが**励磁機**（exciter）である．その直流電源を供給する励磁方式は次のように大別される（図 2.19）．

直流励磁方式は，直流発電機を励磁機と使用し，**ブラシ**と**スリップリング**を通して回転する界磁巻線に励磁電流を供給する．**交流励磁方式（ブラシレス方式）**は，主発電機の回転部に小型の交流発電機を内蔵し，その交流電源を整流し直流電源に変換して界磁巻線に励磁電流を供給する．**静止型励磁方式（サイリスタ方式）**は，系統から変圧器を通して交流電源を得て，サイリスタで直流電源に変え，ブラシとスリップリングを通して界磁巻線へ励磁電流を供給す

(a) 直流励磁方式

(b) 交流励磁（ブラシレス）方式

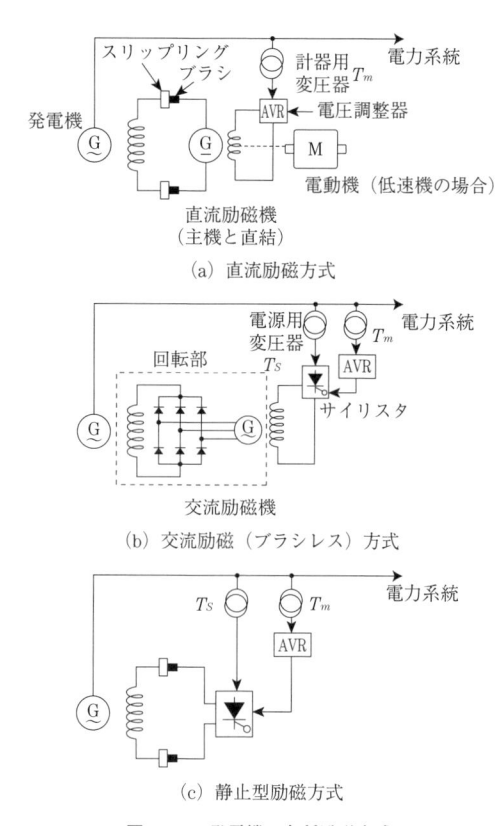

(c) 静止型励磁方式

図 2.19 発電機の各種励磁方式

る．

励磁機の容量は主発電容量の 0.5～1.5% で，使用される直流電圧は 110，220 そして 440 V が一般的である．

d. 揚水用発電電動機と可変速運転

一般に，一定の同期速度で運転する三相発電電動機は，発電時の水車効率より揚水時のポンプ効率を最大にすることが優先される．この同期電動機の特徴は，供給電圧と周波数が一定の電源を接続し，その負荷（有効電力）を変えずに界磁電流を増減すると，電力系統に進み無効電力を供給したり吸収したりする力率改善の機能をもつ．特に，同期電動機を無負荷で系統に接続して電圧と力率を調整するものを**同期調相機**（synchronous phase modifier）と呼ぶ．

同期電動機は，系統周波数で決まる同期速度で回転するときのみトルクを生じるので，始動トルクを得て，同期速度まで回転数を上げる必要がある．この始動方式には，回転子に制動巻線を設ける**制動巻線始動方式**，別置電動機をもつ**直結電動機始動方式**，そして回転磁極の位置に応じた電機子電流を与える**サイリスタ始動方式**がある．

ところで，最近のポンプ水車式揚水システム（GM-TP）は，夜間軽負荷時の系統周波数の調整機能 **AFC**（automatic frequency control）が求められ，揚水入力電力で可変速運転される（図 2.20）．この**可変速揚水発電システム**は，回転速度を制御する方法として，発電機の界磁巻線の直流励磁に加えて，可変周波の数 Hz の三相交流による交流励磁を行うことによってなされる．可変速揚水機の系統周波数で決まる同期速度 N_s は，交流励磁の回転速度 N_{ac} とし回転子の機械的な回転速度 N_r とすると，次式の関係で表される．

$$N_s = N_r + N_{ac}, \quad N_s = N_r - N_{ac} \tag{2.25}$$

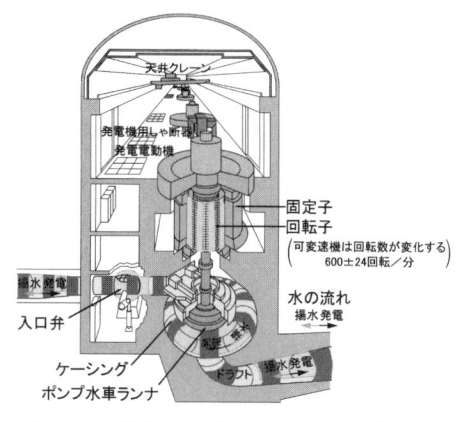

図 2.20 揚水発電電動機とポンプ水車（提供：九州電力（株））

N_{ac} の回転方向と値を調整すれば，N_s を一定に保ち回転子の回転速度 N_r を調整できる．また，可変速運転は発電時においても同様に可能であることから，最大の水車効率での運転と，最大のポンプ効率の運転を同時に実現する．

この交流励磁方式には，交流を一度整流したのち交流に変換する**インバータ方式**と，交流をそのまま低周波交流に変換する**サイクロコンバータ方式**がある．

【例題 2.5】 短絡比 1.35 の同期発電機で自己励磁を起こさず線路充電を行う場合，充電電圧が定格電圧の 90% であるとき充電容量は定格出力の何倍以下にすればよいか．ただし，飽和係数は 0.12 である．

（解） 短絡比 $K_s=1.35$，充電電圧 $V_t=0.9\ V_n$（V_n：定格電圧），飽和係数 $\sigma=0.12$ を次式に代入する．

$$\frac{K_s}{1+\sigma}\left(\frac{V_t}{V_n}\right)^2 = \frac{1.35}{1+0.12}\left(\frac{0.9\ V_n}{V_n}\right)^2 = 0.976 \geq \frac{Q_t}{Q_n}$$

充電容量 Q_t は定格出力 Q_n の 0.976 倍以下とする．

2.2 火力発電

化石燃料（石油，天然ガス，石炭）の燃焼で熱エネルギーを得て，そのエネルギーをもつ作動流体で**蒸気タービン**（steam turbine），**ガスタービン**（gas turbine）そして**エンジン**（**内燃機関**，internal combustion engine）を回転駆動し力学的エネルギーへ変換した後，発電機で電気エネルギーを得る発電システムが**火力発電**（thermal power generation）である．また，化石燃料の種類によらず蒸気でタービンを駆動するものを**汽力発電**（steam power generation），燃焼ガスで直接タービンを駆動するものを**ガスタービン発電**（gas turbine generation），そして汽力発電とガスタービン発電を同時に用いるものを**複合発電**（**コンバインドサイクル発電**，combined cycle generation）という．特に，最近のコンバインドサイクル発電は，発電効率が 50% を超えるものも開発され，一般の発電効率が約 30〜41% の汽力発電に対してエネルギー利用効率の高い発電システムである．

わが国の総発電電力量の約 2 分の 1 以上を発電する火力発電は，単機出力が 1 GW 級の大型で高出力のものも建設されている．一定出力運転の大規模な**石**

炭専焼火力発電などが**ベース負荷**を分担することを除いて，多くの火力発電は中間負荷（**ミドル負荷**）をおもに分担し，その起動停止に2～3時間を要する．

火力発電の課題は燃料の安定供給と環境問題である．**石炭火力発電**は石炭燃料の長期安定供給が見込めるが，**温室効果**（greenhouse effect）をもつ CO_2 の排出量が約 0.98 kg-CO_2/kWh と天然ガスの汽力発電の約 1.6 倍と高い．また，化石燃料の燃焼は硫黄酸化物 SO_x と窒素酸化物 NO_x を排出し**酸性雨**（acid rain）の原因となる．中でも，**液化天然ガス** LNG（liquid natural gas：天然ガスを $-162°C$ で液化し，体積を 600 分の 1 に圧縮したもの）は他の燃料に比べて最も SO_x と CO_2 排出量が少なく，都市型火力発電の燃料に適する．一方，石油火力発電は価格変動が大きく供給面で不安定な石油燃料を用いるため，その火力発電量に占める割合は縮小傾向にある．

2.2.1 火力発電の基本構成

a. 汽力発電

図 2.21 に示す汽力発電所の基本構成は，**燃料**（fuel：石油，石炭，天然ガス）の燃焼で高圧高温の過熱蒸気（主蒸気）をつくる**ボイラ**（boiler），その蒸気で回転力を得る**蒸気タービン**（steam turbine），そして回転エネルギーを電気エネルギーに変換する**同期発電機**（synchronous generator）からなる．

ボイラでは，燃料（炭素，水素，硫黄を含む）と空気（酸素を含む）の燃焼

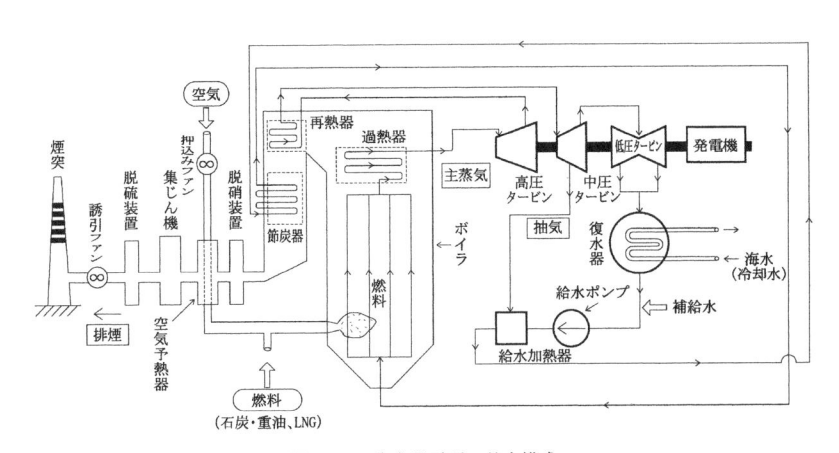

図 2.21 汽力発電所の基本構成

反応（$C+O_2 \to CO_2$, $H_2+1/2\,O_2 \to H_2O$, $S+O_2 \to SO_2$）によって熱エネルギーを得るとともに，燃焼排ガスを生じる．このとき，燃焼用空気は燃焼排ガスから**空気予熱器**（air heater）で熱回収し予熱される．

燃焼排ガスに含まれる灰，煤じん，アシッドマット（灰の塊）を**集じん装置**（precipitator）で除去し，またSO_xを**脱硫装置**（desulphurization plants）そしてNO_xを**脱硝装置**（NO_x removal plants）でそれぞれ除去して**煙突**からの排ガス規制に対応した環境対策を講じている．

高圧高温の過熱蒸気（蒸気圧力 4～31 MPa：約 39～306 気圧，蒸気温度 723～883 K：450～610°C）が蒸気タービンでの**断熱膨張**で回転力を得るために使用された後，その蒸気は**復水器**（condenser）での急速冷却で凝縮し復水（給水）に戻される．この給水は補給水を付加して蒸気量を調整する**給水ポンプ**（feed water pump）でボイラへ供給される．このとき，給水ポンプとボイラの間では，熱効率の改善を目的にタービン蒸気の熱回収のための**給水加熱器**（feed water heater）と燃焼排ガスの熱回収のための**節炭器**（economizer）を，また給水中に溶解している酸素，炭酸ガス，空気を抽気した高温蒸気で分離し除去する**脱気器**（deaerator）を給水が経由する．

ボイラに流入した給水は燃焼熱によって**蒸発管**で飽和蒸気へ変換され，さらにその飽和蒸気は**過熱器**（super heater）によって蒸気タービンで使用される過熱蒸気まで温度上昇される．また，蒸気タービンの熱効率を上げる方法として，タービン途中の蒸気を**再熱器**（reheater）で再び加熱する方法（再熱サイクル）と**抽気**（bleed）して給水加熱する方法（再生サイクル）とが採用される．

一方，ボイラの代わりに火山地帯の地下 1000～2500 m の地熱貯留層から蒸気または熱水を噴出させ，これを熱源として蒸気タービンを回転して発電するシステムが**地熱発電**（geothermal power generation）である．このタービンは温度 130～170°Cで気圧 2～10 kg/cm^2 の飽和蒸気を使用し，3～50 MW の出力をもつ発電所が国内に建設されている．

b. ガスタービン発電

推進力を得るジェットエンジンとほぼ同一原理の**ガスタービン**は，燃焼に利用する大気圧の空気を**空気圧縮機**（air compressor）で高圧空気に圧縮して**燃**

焼器へ導入し，その燃焼器に注入した天然ガス燃料（LNGの場合）との燃焼反応で生じた高温高圧の**燃焼ガス**（作動流体）を断熱膨張させることで回転力を得るものである（図2.22）．

このガスタービンの回転駆動力を利用して同期発電機で発電するシステムがガスタービン発電で，作動流体が大気に放出される**開放サイクル**（open-cycle）と，大気へ放出されず循環使用される**密閉サイクル**（closed-cycle）に分類される．前者は始動時間が20分以内ときわめて短いが，騒音が大きく外気温度の影響を受けるのに対して，後者は始動時間が1時間以内と前者より長いが，騒音が小さく外気温度の影響を受けない特徴を有する．

商用ガスタービン発電は，単機の発電容量が70〜260 MWで，発電端熱効率が20〜32％程度でよくないが，その起動停止に要する時間が10〜30分と短く，ピーク負荷への対応に利用される．また，ガスタービンの入口ガス温度は1100〜1500℃で，そして空気の圧縮比（V_1/V_2：圧縮機の入口での空気体積V_1に対する出口での空気体積V_2の比）は11〜23である．

一方，都市ガスを燃料とする20〜200 kWの小容量の**マイクロガスタービン発電**が**分散型電源**として注目されている．その理由は，発電効率が25〜30％と低いが，ガスタービン出口で260℃程度の燃焼排ガスから温熱（たとえば温水）として熱回収すると，その総合エネルギー利用効率が約80％と高い**熱電**

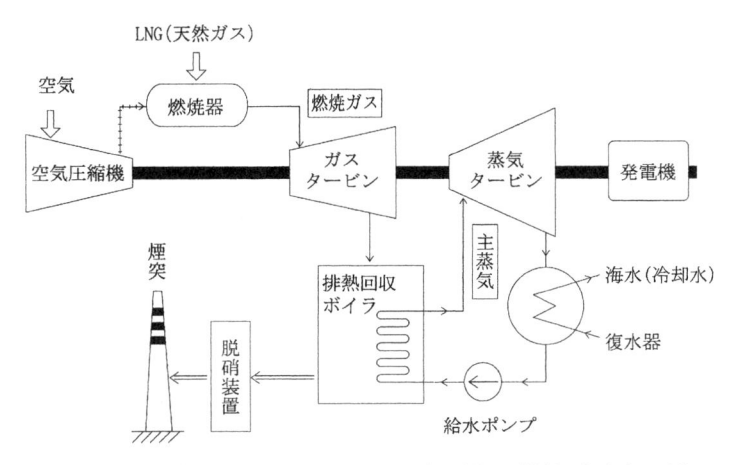

図2.22 LNG利用コンバインドサイクル発電の系統図（排熱回収方式，1軸）

併給発電（コジェネレーション：co-generation）を構築できることにある（4.6 節参照）．

c. コンバインドサイクル発電

図 2.22 は最も一般的な排熱回収方式の LNG 利用コンバインドサイクル発電の系統図を示す．1000℃以上の高温燃焼ガスはガスタービンで断熱膨張したのちでもその排ガスの温度が 600℃以上と高温である．このガスタービンの排熱は**排熱回収ボイラ**（heat recovery steam generator）の熱交換器を通して給水を蒸気タービン用の高温高圧の蒸気とすることで熱回収される．よって，ガスタービンの熱サイクル（**トッピングサイクル**：最高利用温度）と蒸気タービンの熱サイクル（**ボトミングサイクル**：最低利用温度）の両方の断熱膨張による出力で発電するシステムがコンバインドサイクル発電である．なお，蒸気タービンサイクルの出力はガスタービン出力の 1/2～1/3 程度である．

LNG 以外の燃料を用いたコンバインドサイクル発電には，**石炭ガス化コンバインドサイクル発電**がある．この石炭のガス化方式には，**噴流床燃焼**（微粉炭と搬送用空気とを微粉炭バーナより炉内に噴流して燃焼）と**流動床燃焼**（下方からの通気により石炭と石灰石を一定の範囲に滞留し，撹拌接触させながら燃焼）がある．石炭のガス化は長期安定に確保できる石炭をコンバインドサイクルで高効率に発電するための不可欠の技術である．

d. 内燃力発電

ガス状の燃料と空気を**シリンダ**（cylinder）の中に吸入し圧縮した後，燃焼で断熱膨張させ，燃焼排ガスを排気し再び吸入する**サイクル**（2 サイクルと 4 サイクル）で，燃焼の熱エネルギーが連続的に力学的エネルギー（駆動力）に変換される．この変換機が内燃機関すなわちエンジンである．よって，エンジンからの駆動力で発電機を回転して発電するシステムが**内燃力発電**である．

燃焼器とガスタービンを独立に配置するガスタービン発電と異なり，同一のシリンダ内部で燃焼とエネルギーの変換がなされる内燃力発電は熱効率が 30～43％と比較的に高い．また，燃料は都市ガス，ガソリン，石油，重油が使用される．特に，数百 kW から 20 MW まで離島の電源や病院，ビル，工場の非常用電源（予備電源）としては，重油または軽油を燃料とする**ディーゼル発電機**（diesel generator）が広く使われ，最近では燃焼空気量を**過給機**

(supercharger) で高めて熱効率を改善する方式が導入されている.

【例題 2.6】 排熱回収方式のコンバインドサイクル発電で,燃焼ガスを用いて熱効率 25% のガスタービンを駆動した後,その排熱で熱効率 35% の蒸気タービンも駆動する.ガスタービン出口のすべての排熱が回収された場合,この発電システムの総合熱効率はいくらか.

（解） 熱効率 η_g のガスタービンへの入力熱エネルギー Q_{in} とすると,ガスタービン出口の排熱エネルギー Q_{out} は, $Q_{out}=(1-\eta_g)\cdot Q_{in}=0.75\,Q_{in}$ となる.この排熱エネルギーを熱効率 η_s の蒸気タービンへ入力すると,回転エネルギー $W_2=\eta_s\cdot Q_{out}=0.35\times 0.75\,Q_{in}=0.263\,Q_{in}$ を出力する.

よって,総合熱効率 η_t は,ガスタービンの出力を $W_1=\eta_g\cdot Q_{in}$ とすると,

$$\eta_t=\frac{W_1+W_2}{Q_{in}}=\frac{\eta_g Q_{in}+\eta_s(1-\eta_g)Q_{in}}{Q_{in}}=\eta_g+\eta_s-\eta_g\eta_s$$
$$=0.25+0.35-0.25\times 0.35=0.513$$

で,約 51% である.

ちなみに,実際の複合発電システムでのガスタービンからの排熱回収率は 60～70% である.

2.2.2 燃焼反応と熱力学の基本計算

a. 燃焼反応と空気量

表 2.3 は火力発電で使用される固体燃料の石炭（おもに**瀝青炭**）,液体燃料の重油そして気体燃料の天然ガスの成分比の一例を質量比 [wt%] で示したものである.これらの成分比は各燃料の産出地で異なるものである.

1 kmol の炭素（C）,水素（H_2）,硫黄（S）,メタン（CH_4）の燃焼反応式とその発熱量は次のようになる.

炭素：$C+O_2=CO_2+97200$ kcal/kmol

表 2.3 火力発電用燃料の成分比 [wt%] の例

成分 種類	炭素 C	水素 H	硫黄 S	酸素 O	窒素 N	水分 H_2O	メタン CH_4	エタン C_2H_6	プロパン C_3H_8
石炭	72	5.3	0.4	8.9	1.5	0.9	—	—	—
重油	86	13.1	0.19	0	0.17	0.1	—	—	—
天然ガス	—	—	—	—	—	—	77	13	6.6

水素：$H_2 + \dfrac{1}{2} O_2 = H_2O + 68000$ kcal/kmol

硫黄：$S + O_2 = SO_2 + 80000$ kcal/kmol

メタン：$CH_4 + 2\,O_2 = CO_2 + 2\,H_2O + 212480$ kcal/kmol

たとえば，硫黄の1 kmol すなわち 32 kg が1 kmol すなわち 32 kg で体積 22.4 kl（＝22.4 Nm^3）の O_2 ガスと燃焼反応すると，1 kmol すなわち 64 kg で 22.4 kl の SO_2 燃焼排ガスを生じることを意味する．また，この硫黄の単位質量あたりの発熱量は 80000/32＝2500 kcal/kg と換算される．なお，エネルギーの相互換算は 1 kWh＝860 kcal＝3600 kJ の関係式を覚えておくと便利である．

表 2.3 の石炭を 1 kg 燃焼したときの発熱量は次のように計算される．1 kg 中の燃焼に関与する成分の質量を [C]，[H]，[S]，[O]，[H_2O] とし，また燃焼に関与しない [N] を無視すると，**高位発熱量** H_h と**低位発熱量** H_l（lower calorific value）は次式で与えられる．

$$H_h = 8100\,[C] + 34000\left([H] - \dfrac{[O]}{8}\right) + 2500\,[S]$$

$$= 8100 \times 0.72 + 34000 \times (0.053 - 0.089/8) + 2500 \times 0.004$$

$$= 7266\ [\text{kcal/kg}] \tag{2.26}$$

$$H_l = H_h - 600(9\,[H] + [H_2O])$$

$$= 7266 - 600 \times (9 \times 0.053 + 0.009) = 6974\ \text{kcal/kg} \tag{2.27}$$

ここで，(2.26) 式の（[H]－[O]/8）の項は燃料中にすでに H_2O（2 kg の H_2 に対して 16 kg の O 原子）として存在する水素が燃焼しないことを考慮したものである．

また，ボイラの**火炉**（furnace）や燃焼器での発熱量計算に用いる (2.27) 式の低位発熱量は高位発熱量から水分の蒸発に要する**潜熱**（気体圧力 1 atm で 100℃ の水では 539 kcal/kg）などを差し引いたものである．

次に，表 2.3 に示す 1 kg の石炭を燃焼するのに必要な最低限の空気量（実際には含まれる O_2 ガスを使う）すなわち**理論空気量**（theoretical air）を導出する．空気組成としての O_2 ガスは質量比が 23.2% で体積比が 21.0% である．よって，理論空気量は A_{om}（質量換算）と A_{ov}（体積換算）とで与えられ

$$A_{om} = \frac{32}{0.232}\left(\frac{[C]}{12} + \frac{[H]-[O]/8}{4} + \frac{[S]}{32}\right)$$
$$= 11.49\,[C] + 34.48([H]-[O]/8) + 4.31\,[S]$$
$$= 9.73 \text{ kg/kg} \tag{2.28}$$
$$A_{ov} = \frac{22.4}{0.210}\left(\frac{[C]}{12} + \frac{[H]-[O]/8}{4} + \frac{[S]}{32}\right)$$
$$= 8.89\,[C] + 26.67([H]-[O]/8) + 3.33\,[S]$$
$$= 7.53 \text{ Nm}^3/\text{kg} \tag{2.29}$$

ところで,理論空気量のみの注入では燃料を完全燃焼させることができないので,実際の使用空気量は理論空気量より多く注入する.この**空気比**または**空気過剰率**(=(実際の使用空気量)/(理論空気量))は,微粉炭燃焼で1.2〜1.4,原油・重油燃焼で1.1〜1.3,そして天然ガス燃焼で1.05〜1.2である.

【例題2.7】 重油専焼の汽力発電所のボイラで1日に1000 t の重油を使用する.重油の化学組成は炭素86%,水素13%である.燃焼に必要な理論空気量 A_{ov} [Nm³/日],発生炭酸ガス量 [kg/日],そして発生水分量 [kg/日] を求めよ.ただし,炭素の原子量を12,空気の酸素体積比率を21%とする.

(解) 理論空気量 A_{ov} は,炭素量が $[C] = 1000 \times 10^3 \times 0.86 = 860 \times 10^3$ [kg],水素量が $[H] = 1000 \times 10^3 \times 0.13 = 130 \times 10^3$ [kg] であるから,$A_{ov} = 8.89\,[C] + 26.67\,[H] = 1.11 \times 10^7$ [Nm³/日] となる.

発生炭酸ガス量 $[CO_2]$ は,C (12) + O_2 (32) = CO_2 (44) の反応から,$[CO_2] = (44/12) \times [C] = 3.15 \times 10^6$ [kg/日] となる.

発生水分量 $[H_2O]$ は,H_2 (2) + $1/2\,O_2$ (16) = H_2O (18) であるから,$[H_2O] = (18/2) \times [H] = 1.17 \times 10^6$ [kg/日] となる.

b. 熱力学の基礎

燃焼反応で発生した熱エネルギーを効率よく力学的エネルギー(機械エネルギー,仕事量)へ変換するには,作動流体(ガス,液体)の状態変化(温度,圧力,体積)に関する熱力学の知識が必要である.

流体の温度は,絶対温度(熱力学温度)T [K:**ケルビン**],**セルシウス温**

度（摂氏温度）t [℃]，そして**ファーレンハイト温度**（華氏温度）t_F [℉] とがあり，$t = T - 273.15$ と $t_F = 1.8\,T - 460$ の関係をもつ．

流体の絶対圧力は 1 気圧 [atm] $= 1.01325 \times 10^5$ [Pa：**パスカル**；N/m²] $= 760$ [mmHg] $= 760$ [Torr] $= 1.034$ [kg 重/cm²：kg/cm²] $= 1.034$ [at] $= 14.695$ [psi] $= 1.013$ [bar：**バール**] の関係をもち，多くの異なる単位で表される．しかし，一般に使用される工業用の圧力計は大気圧との差を表示する**ゲージ圧力**（kg/cm²g, psig, atg）を用い，大気圧以下の圧力では負圧（たとえばゲージ圧力 -730 mmHg は絶対圧力 30 mmHg）を表示する．

液体の体積は 1 m³ $= 1$ k$l = 6.289$ [b または bbl：**バレル**] の関係をもち，ガスの体積は一般に 1 気圧で 0℃の標準大気に換算した単位 [Nm³] で表す．

燃焼ガスや蒸気が**理想気体**（ideal gas：数密度が高くないガス）とみなせる場合，1 kmol のガスの**状態方程式**は圧力 P [Pa]，体積 V [m³/kmol] そして温度 T [K] の変化についての**ボイル-シャルルの法則**から，次式で表される．

$$PV = R_0 T \tag{2.30}$$

ここで，気体定数 R_0 は $R_0 = 8.314 \times 10^3$ [J/(kmol·K)] で，ガスの種類によらず一定である．この式は，圧力が一定のもとでは温度と体積が比例して変化し，また温度が一定のもとでは圧力と体積が反比例して変化することを意味する．

一方，液体（給水）から気体（高温高圧の蒸気）への変化を表す実在気体（数密度が高いガスと液体）に適用する状態方程式は，**ファンデルワールス**（van der Waals）によって次式で与えられた．

$$\left(P + \frac{a}{V^2}\right)(V - b) = R_0 T \tag{2.31}$$

また，この式を変形して整理すると，$PV^3 - (R_0 T + bP)V^2 + aV - ab = 0$ となり，体積 V に関する三次関数となる．ここで，a は分子間力による圧力の補正係数，b は分子の大きさを考慮する補正係数である．

図 2.23 は水と蒸気についての P-V 線図を示す．この図で，液体（水）の

領域，**飽和水**（saturated water）から沸騰した**湿り蒸気**（wet vapour：水と蒸気が混在する）の領域，そして**飽和蒸気**（saturated vapour：水を含まない）をさらに加熱した**過熱蒸気**（superheated vapour）の領域が区別される．湿り蒸気の領域で，1 kg の湿り蒸気中に飽和蒸気が x [kg] 含まれているとき，**乾き度** x または**湿り度** $(1-x)$ で表す．

温度を**臨界温度** T_c（critical temperature：647.3 K =

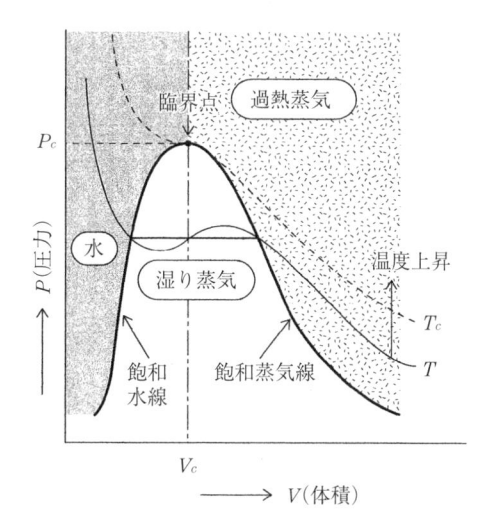

図 2.23 蒸気の P-V 線図
P_c=22.12 MPa, T_c=647.3 K,
V_c=0.0561 m³/kmol, 密度 P_c=321 kg/m³

374.1°C）まで上昇し臨界状態にすると，**臨界点**（critical point）で湿り蒸気の領域が消滅し，高温の給水から直ちに飽和蒸気となる．この点の圧力を**臨界圧力** P_c（critical pressure：22.12 MPa=225.65 kg/cm²abs），そして体積を**臨界体積** V_c（critical volume：0.0561 m³/kmol）という．また，大型汽力発電では主蒸気の圧力を臨界圧力以上の**超臨界状態**で使用されるため，蒸気と水を分離するボイラでの**蒸気ドラム**が不要となる（貫流ボイラ）．

c. 作動流体の状態変化とエネルギー

火力発電での熱エネルギーは 1 kg の作動流体について考える．(2.30) 式の状態方程式は $PV=RT$ で与えるが，体積すなわち**比体積**（比容積）V の単位は m³/kg であり，また気体定数 R（水蒸気の場合，8.314×10^3 [J/(kmol·K)]/18 kg=461.9）は単位 J/(kg·K) で気体の種類に依存することに注意を要する．

熱力学の第 1 法則は，熱エネルギーと力学的エネルギー（仕事量）が相互に変換できることを示す．すなわち，1 kcal（熱エネルギー）=4.186 kJ=427 kg 重·m（仕事量）の関係が成立する．また，**仕事の熱当量**は $A=1/427$ kcal/kg 重·m である．

熱力学の第2法則は，作動流体の熱エネルギーが**高温熱源**から**低温熱源**へのみ移動し，その間に消費された熱エネルギーが**熱機関**（たとえばタービン）で仕事量として取り出せることを示す．

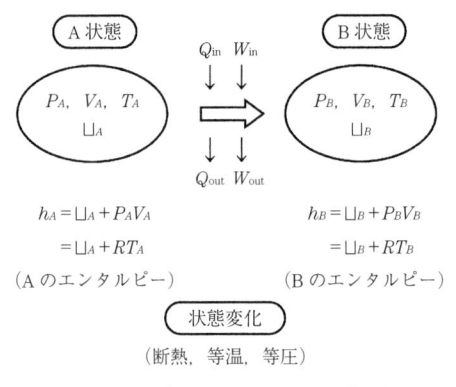

図2.24はエネルギー（熱と仕事）の吸収と放出に伴う状態Aから状態Bへの変化の概念図である．**内部エネルギー** U は作動流体の分子・原子の並進運動と回転運動のエネルギーで，自由度 f （たとえば，3方向 xyz の並進運動と2方向の回転で $f=5$ ）とすると $U=(f/2)RT$ で与えられる．また，**エンタルピー**（enthalpy，熱関数）h は1kgの作動流体のもつエネルギーで $h=U+PV=U+RT$ ［kJ/kgまたはkcal/kg］で与えられる（**比エンタルピー**）．

ある状態に dQ の熱エネルギーが加えられると，

$$dQ = dU + PdV = dh - VdP = (f/2)RdT + RdT \quad (2.32)$$

の内部エネルギーの変化（dU）と外部への仕事量の変化（PdV）が起こる．このとき，圧力を一定で変化させた場合の**定圧比熱** C_p と体積を一定で変化させた場合の**定積比熱** C_v は，

$$C_P = \left(\frac{dQ}{dT}\right)_{P=\text{const}} = \frac{f+2}{2}R \quad (2.33)$$

$$C_v = \left(\frac{dQ}{dT}\right)_{V=\text{const}} = \frac{f}{2}R \quad (U=C_vT) \quad (2.34)$$

となり，$C_p - C_v = R$ である．また，**比熱比**は $\gamma = C_p/C_v$ で与えられ，水蒸気では約1.33である．

次に，図2.24の条件でタービン中で起こるような**断熱膨張**（adiabatic expansion）での状態変化（$V_A < V_B$）を調べてみる．断熱変化は熱エネルギーの変化のない（$dQ=0$）プロセスである．(2.32)式で $dQ=0$ と置くと，

$dU+PdV=C_vdT+PdV=0$ が成立し，$d(PV)=PdV+VdP=RdT=(C_p-C_v)(-PdV/C_v)=-\gamma PdV+PdV$ の関係を用いると，

$$PV^\gamma = RTV^{\gamma-1} = \text{const （一定）}$$
$$= P_A V_A^\gamma = P_B V_B^\gamma = RT_A V_A^{\gamma-1} = RT_B V_B^{\gamma-1} \qquad (2.35)$$

の P，V，T の関係で断熱変化をすることがわかる．

また，断熱膨張するときの外部になす仕事量 W は，次のように導出される．

$$W = \int_{V_A}^{V_B} PdV = \int_{V_A}^{V_B} \frac{P_A V_A^\gamma}{V^\gamma} dV$$
$$= \frac{1}{\gamma-1}(P_A V_A - P_B V_B) = \frac{R}{\gamma-1}(T_A - T_B) \qquad (2.36)$$

この式より明らかなように，蒸気タービンの場合に外部になす仕事量を大きくするには蒸気タービン入口の蒸気温度 T_A をできるだけ高くし，またタービン出口の蒸気温度 T_B をできるだけ冷却して下げる必要がある．

さらに，**等圧変化**では $dP=0$ で $dQ=dU+d(PV)=dh=C_pdT$ が，また**等温変化**では $dT=0$，$dU=0$ で $dQ=PdV$ が成立する．

d. 熱サイクル

熱エネルギーを仕事量（力学的エネルギー）へ連続的に変換するための基本の**熱サイクル**（heat cycle，図 2.25 (a) の **P-V 線図**参照）が，2 つの断熱変化（②→③の断熱膨張（外部への仕事）と④→①の断熱圧縮（外部からの仕事））と 2 つの等温変化（①→②等温膨張（外部からの吸熱）と③→④等温圧縮（外部への放熱））で構成される**カルノーサイクル**（Carnot's cycle）である．

このカルノーサイクルを温度 T と**エントロピー**（entropy）S の **T-S 線図**に表すと図 2.25 (b) のように単純となる．ある状態に dQ の熱エネルギーが加えられたとき，増加したエントロピー dS は $dS=dQ/T$ [kJ/(kg·K) または kcal/(kg·K)] と定義される．よって，断熱変化（②→③，④→①）では $dQ=0$ であることから，その断熱変化でエントロピーは変化しないが，等温

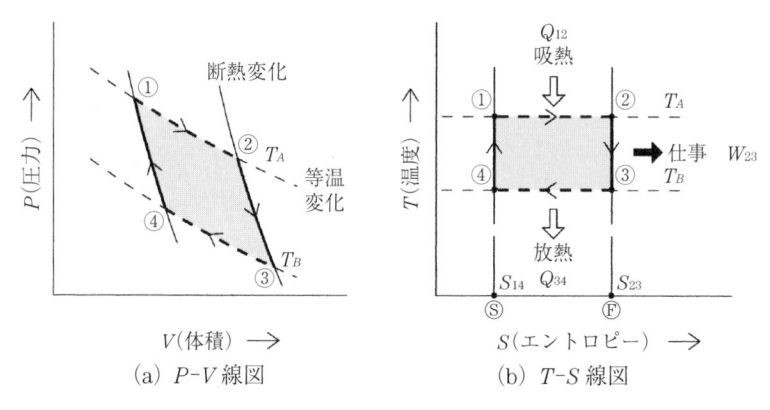

図 2.25 カルノーサイクルの P-V 線図と T-S 線図

変化ではエントロピーは変化する．さらに，等圧変化では $dS=dQ/T=dh/T$ より，エントロピーの増加は $S=\int dh/T$ で与えられる．

また，図 2.25 (b) のカルノーサイクルの理論熱効率 η_{tc} は次のように求められる．①→②の吸熱エネルギー Q_{12} と③→④の放熱エネルギー Q_{34} は等温変化であるから，

$$Q_{12}=\int_{S_{14}}^{S_{23}} T_A dS = T_A(S_{23}-S_{14}),$$

$$Q_{34}=\int_{S_{23}}^{S_{14}} T_B dS = T_B(S_{23}-S_{14}) \tag{2.37}$$

となる．よって，外部になす仕事量 W_{23} は $W_{23}=Q_{12}-Q_{34}=(T_A-T_B)(S_{23}-S_{14})$ となる．また，理論熱効率は $\eta_{tc}=W_{23}/Q_{12}=(T_A-T_B)/T_A$ で与えられ，①②③④の面積を①②Ⓕ⑤の面積で割った値となる．このことは，理論熱効率 η_{tc} を増加するには断熱膨張前後の利用温度差 (T_A-T_B) を大きくする必要があることを意味する．

なお，タービンの熱サイクルにはこの T-S 線図やエンタルピー h とエントロピー S の関係で示す **h-S 線図**（Mollier's diagram，モリエ線図）がよく使用される．

【例題 2.8】 水素ガスをシリンダに入れ，ピストンを急に動かし体積を半分に圧縮した．そのとき，水素ガスの温度はどのように変化するか．ただし，比

熱比は $\gamma=1.4$ である.

(解) 圧縮する前の体積 V_0, 温度 T_0 とし, 断熱圧縮後の体積 $V=V_0/2$, 温度 T とする. $P_0V_0{}^\gamma=RT_0V_0{}^{\gamma-1}=PV^\gamma=RT(V_0/2)^{\gamma-1}$ の関係より, $T=(2^{1.4-1})T_0=1.32\,T_0$ となり, 温度が 1.32 倍上昇する.

一方, 断熱膨張させた場合は, 温度が低下する. これらの作動流体の状態変化を用いて冷却と加熱（冷房と暖房）をするのが**ヒートポンプ**（heat pump）と呼ばれ, エアコンに利用される.

2.2.3 実際の熱サイクルと熱効率
a. ランキンサイクル

実際の汽力発電での基本的な熱サイクルは, 図 2.26 に示す 2 つの断熱変化（膨張と圧縮）と 2 つの等圧変化（加熱と放熱）からなる**ランキンサイクル**（Rankine cycle）で, ③-③の加熱過程が飽和蒸気を過熱蒸気にする. ここで, 図中の各点（①〜④）に対応するエンタルピー（1 kg の**比エンタルピー**）がそれぞれ h_1〜h_4 とする. **理論熱効率** η_{tcR} は, カルノーサイクルと同様に面積①②③④①（有効に利用できる仕事量すなわちエネルギーで, **エクセルギー**（exergy）と呼ぶ）を面積 a ①②③④ ba のボイラでの加熱エネルギーで除したもので, エンタルピーを用いて次式で表される（$h_1 \fallingdotseq h_2$）.

$$\eta_{tcR}=\frac{(h_3-h_4)-(h_2-h_1)}{h_3-h_2} \fallingdotseq \frac{h_3-h_4}{h_3-h_1} \qquad (2.38)$$

b. ブレイトンサイクル

天然ガスなどを用いたガスタービン発電の熱サイクルは, ランキンサイクルと同様な断熱と等圧の状態変化をもつが, 液体（給水）からガス（水蒸気）へのような相変化のない単純な図 2.27 に示す**ブレイトンサイクル**（Brayton's cycle）である. ここで, 図中の各点（①〜④）に対応するエンタルピーを h_1〜h_4, 温度を T_1〜T_4, そして圧力を P_1〜P_4 として, 理論熱効率 η_{tcB} を求める. ただし, 作動ガスの定圧比熱を C_P, そして比熱比を γ とする.

発電機への出力エネルギーは

$W=$（タービンの仕事量）$-$（圧縮機の仕事量）$=(h_3-h_4)-(h_2-h_1)$

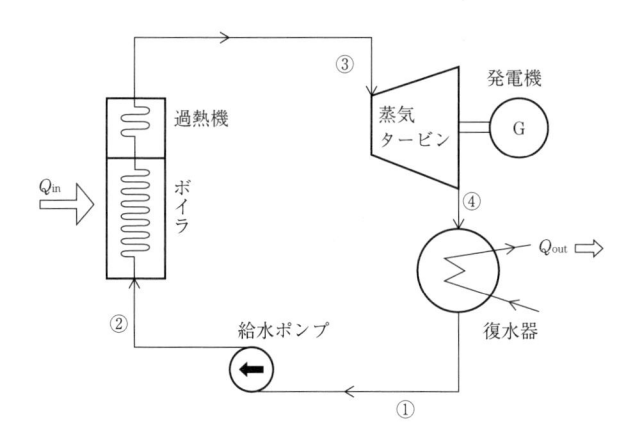

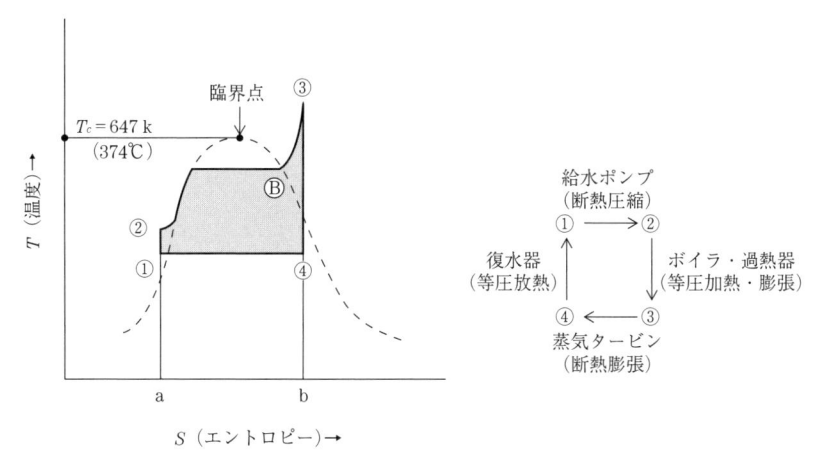

図 2.26 蒸気タービン発電の基本サイクル（ランキンサイクル）

$$= (h_3 - h_2) - (h_4 - h_1) = Q_{in} - Q_{out} = C_p(T_3 - T_2) - C_p(T_4 - T_1)$$

で与えられる．よって，理論熱効率 η_{tcB} は次式で表される．

$$\eta_{tcB} = \frac{W}{Q_{in}} = \frac{(h_3 - h_4) - (h_2 - h_1)}{(h_3 - h_2)} = 1 - \frac{(T_4 - T_1)}{(T_3 - T_2)} \tag{2.39}$$

ところで，断熱変化と等圧変化（$P_1 = P_4$, $P_2 = P_3$）の関係から，

$$\frac{T_1}{T_2} = \left(\frac{P_1}{P_2}\right)^{\frac{\gamma-1}{\gamma}} = \frac{T_4}{T_3} = \left(\frac{P_4}{P_3}\right)^{\frac{\gamma-1}{\gamma}} \tag{2.40}$$

2.2 火力発電

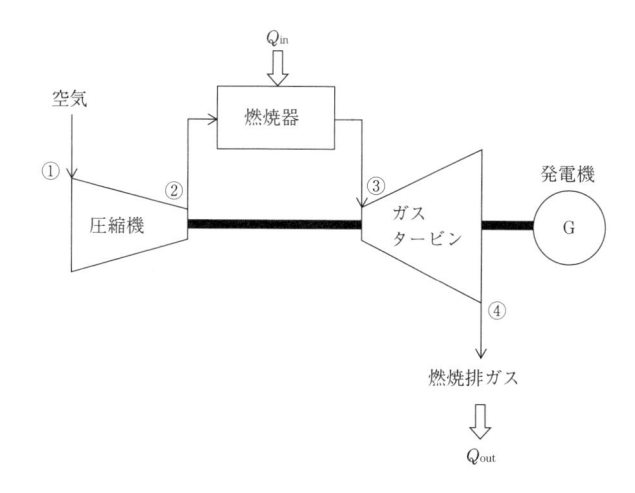

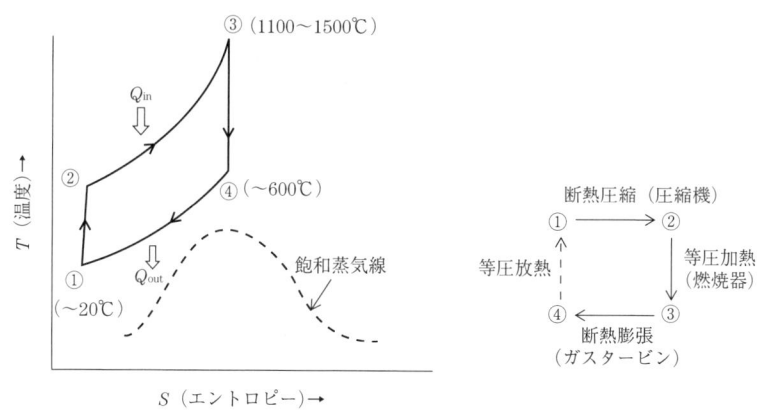

図 2.27 ガスタービン発電のブレイトンサイクル

を考慮し，**圧力比** K_0 ($=P_2/P_1=11\sim23$) を用いると**等エントロピー圧縮温度比** ζ ($=T_2/T_1$) は次式で与えられる．

$$\zeta = K_0^{\frac{\gamma-1}{\gamma}} \tag{2.41}$$

よって，(2.39) 式の理論熱効率はまた $\eta_{tcB}=1-(1/\zeta)=1-T_1/T_2$ で表される．この熱効率の関係から，外気温 T_1 の上昇で空気密度が下がり圧縮空気比の低下に起因してガスタービンの効率は小さくなることがわかる（オープンサイクルの場合）．

c. 蒸気タービンの実用熱サイクル

ランキンサイクルの熱効率を向上するために，蒸気の加熱エネルギーをボイラの熱回収で増やす**再熱サイクル**（reheating cycle）と復水器での放熱エネルギーを給水の加熱で回収して減少させる**再生サイクル**（regenerative cycle），そしてこれら2つのサイクルを組み合わせた**再熱再生サイクル**が実用の汽力発電で利用される．

過熱蒸気がタービンで膨張し仕事をすると飽和蒸気または湿り蒸気となる．この湿り蒸気は摩擦によるタービンの効率低下や腐食の原因となる．そこで，これを防ぐため図 2.28 に示すように膨張過程にある蒸気をボイラ内の**再熱器**に抽気し加熱した後，再び高温の過熱蒸気で残りの膨張を行わせるものが再熱サイクルである．この再熱サイクルの理論熱効率 η_{tcrh} は，T-S 線図の各点（①～⑥）でのエンタルピーを h_1～h_6 とすれば，次式で表される．

$$\eta_{tcrh} = \frac{(h_3 - h_4) + (h_5 - h_6) - (h_2 - h_1)}{(h_3 - h_2) + (h_5 - h_4)} \quad (2.42)$$

一方，膨張過程にある蒸気の一部を**抽気**（bleed）して**給水加熱器**で給水（feed water）を加熱し，熱回収するものが図 2.29 に示す再生サイクルである．ここで，主蒸気 1 kg に対する高圧タービンと低圧タービンの抽気量が m_1 と m_2 である．また，T-S 線図の各点（①～⑧）でのエンタルピーが h_1～h_8 である．このとき，再生サイクルの理論熱効率 η_{tcrg} は次式で与えられる．

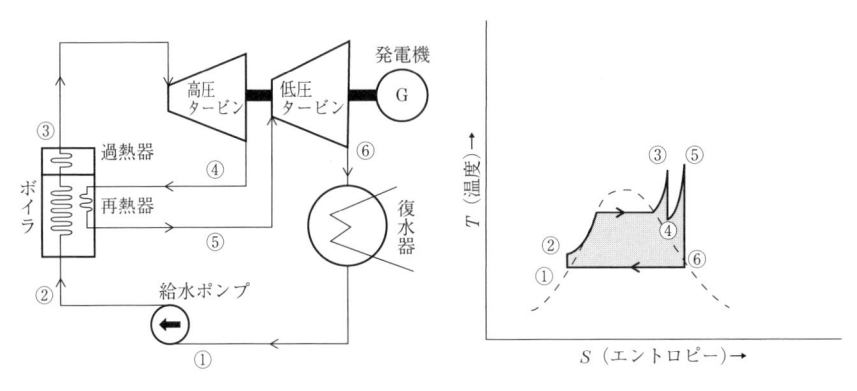

図 2.28 再熱サイクル

2.2 火力発電

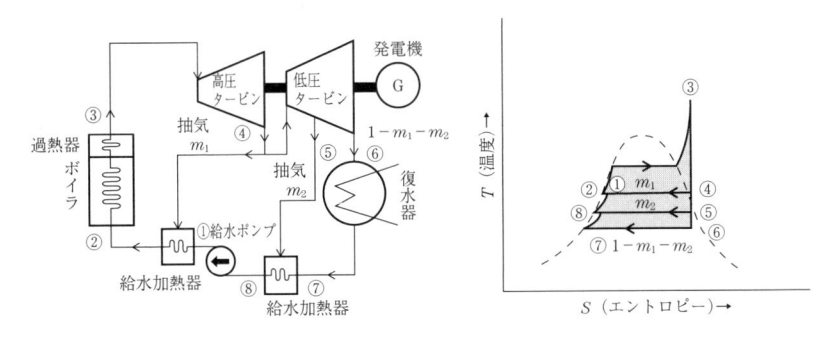

図 2.29 再生サイクル

$$\eta_{\text{tcrg}} = \frac{(h_3 - h_4) + (1 - m_1)(h_4 - h_5) + (1 - m_1 - m_2)(h_5 - h_6) - (h_1 - h_8)}{h_3 - h_2}$$

(2.43)

大容量の蒸気タービンでは，熱効率の改善の大きい再生サイクルと摩擦損失の低減もできる再熱サイクルを組み合わせた再熱再生サイクルが使用される．

なお，**コンバインドサイクル発電**（複合発電）はガスタービン発電のブレイトンの熱サイクルと蒸気タービン発電の実用熱サイクルとを組み合わせ，熱効率を蒸気タービン発電のみのものより 10％以上高めるものである．この効率改善は省エネルギーのみでなく CO_2 排出削減にも寄与する．

【**例題 2.9**】 ある小規模な汽力発電所において，タービン入口の過熱蒸気は温度 538℃，圧力 169 kg/cm²，そしてエンタルピー 815 kcal/kg である．この蒸気はタービンを通過して，気圧 0.05 kg/cm²（（絶対圧力）の復水器にエンタルピー 542 kcal/kg で排気され，そののち復水器で冷却され 30℃の復水となる．この場合の熱サイクルの効率はいくらか．

（解） この熱サイクルはランキンサイクルであるので，熱効率 η_R は，タービンでした仕事の熱量（815－542）＝273 kcal/kg をボイラで加熱に要した熱量（815－30）＝785 kcal/kg で割ったものである．よって，熱効率は η_R＝（273/785）×100＝34.8％となる．ここで，30℃での復水のエンタルピーは平均比熱 1 kcal/(kg·℃) であることから 30 kcal/kg としている．

d. 汽力発電の効率と消費率

図 2.30 に示した汽力発電の効率を例に述べる．ボイラでは，発熱量 H [kcal/kg] の燃料が単位時間（1 h）あたり B [kg] 燃焼する．その発熱量 HB [kcal] をエンタルピー h_w の給水が熱吸収し，エンタルピー h_s の過熱蒸気が単位時間あたり Z [kg] 発生する．この**ボイラ室効率** η_B（小数）は次式で与えられる．

$$\eta_B = \frac{Z(h_s - h_w)}{HB} \tag{2.44}$$

なお，気圧気温の異なるボイラの蒸発力を比較するために，100℃の給水を 100℃，1 atm の飽和蒸気にする場合の蒸発力に換算した**相当蒸発量** Z_e が使用される．この換算式は $Z_e = Z \times$（蒸発係数）$= Z(h_s - h_w)/539.3$ kg/h で表される．

タービンでは，断熱膨張で単位時間あたりなされた仕事量 $Z(h_s - h_t)$ [kcal] が摩擦などの損失によりすべてタービン軸出力量 $P_T \times 1$ kWh $= 860\, P_T$ [kcal] に変換されない（図 2.30）．よって，**タービン室効率** η_{Ta}（小数）は（タービン熱効率 η_h）×（タービン効率 η_t）の積として次式で与えられる．

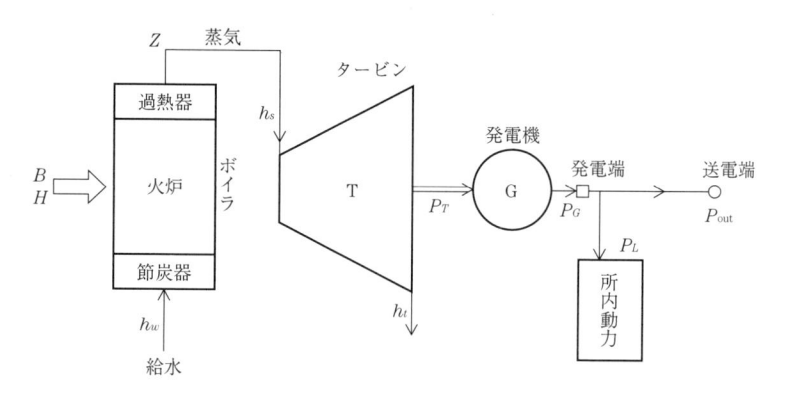

図 2.30 汽力発電の効率

B：燃料消費量 [kg/h]
H：燃料発熱量 [kcal/kg]
Z：発生蒸気量
　　（ボイラ容量）[kg/h]
P_T：タービン軸出力 [kW]
P_G：発電機出力 [kW]
P_L：発電所内動力 [kW]
P_{out}：送電端出力 [kW]
h_w：給水のエンタルピー [kcal/kg]
h_s：蒸気のエンタルピー [kcal/kg]
h_t：タービン出口の蒸気の
　　　エンタルピー [kcal/kg]

$$\eta_{Ta}=\eta_h\cdot\eta_t=\left(\frac{h_s-h_t}{h_s-h_w}\right)\left(\frac{860\,P_T}{Z(h_s-h_t)}\right)=\frac{860\,P_T}{Z(h_s-h_w)} \qquad (2.45)$$

ここで，発電機の効率を η_g（小数）とすると発電機の出力は $P_G=\eta_g P_T$ の関係をもち，また単位時間あたりの発電電力量は $860\,P_G=860\,\eta_g P_T$ [kcal]である．

よって，発電端熱効率 η_{gen}（小数）は次式で与えられ，発電出力 500〜1000 MW の範囲で 0.39（×100＝39％）から 0.41（×100＝41％）である．

$$\eta_{\mathrm{gen}}=\frac{860\,P_G}{HB}=\eta_B\eta_{Ta}\eta_g \qquad (2.46)$$

また，発電所の運転には発電電力が動力として一部消費される．この所内で使用する電力を差し引いて実際に送電できる割合を与える**送電端熱効率** η_{tran} は $\eta_{\mathrm{tran}}=\eta_{\mathrm{gen}}(P_{\mathrm{out}}/P_G)=\eta_{\mathrm{gen}}[(P_G-P_L)/P_G]]$ で与えられ，$(P_L/P_G)\times100\%$ を所内比率（2〜5％）という（図 2.30）．

一方，これらの効率に加えて火力発電の熱計算には，発電端で単位電力量 [1 kWh] を発生するのに必要な燃料消費量，熱消費量，そして蒸気消費量が用いられ，それぞれの量は次式で与えられる（質量換算）．

$$\text{燃料消費量}=\frac{B}{P_G}=\frac{860}{H\times\eta_{\mathrm{gen}}}\ \mathrm{kg/kWh} \qquad (2.47)$$

$$\text{熱消費量}=\frac{BH}{P_G}=\frac{860}{\eta_{\mathrm{gen}}}\ \mathrm{kcal/kWh} \qquad (2.48)$$

$$\text{蒸気消費量}=\frac{Z}{P_G}=\frac{HB\eta_B}{(h_s-h_w)\times P_G}\ \mathrm{kg/kWh} \qquad (2.49)$$

【例題 2.10】 毎時 1750 t の蒸気でタービン軸出力 500 MW の汽力発電所がある．タービン入口蒸気，タービン出口で復水器入口蒸気，そして復水のエンタルピーは，それぞれ $h_s=815$，$h_t=520$，そして $h_w=30$ kcal/kg である．タービン熱効率 η_h，タービン効率 η_t，そしてタービン室効率 η_{Ta} は何％であるか．

（解）題意より，蒸気発生量は $Z=1750\times1000=1.75\times10^6$ [kg/h] で，タービン軸出力量は

$P_T \times 1 = 500 \times 1000 \times 1 = 5 \times 10^5$ [kWh] $= 860 \times 5 \times 10^5 = 4.3 \times 10^8$ [kcal]
である．

タービン熱効率 $\eta_h = \{(h_S - h_t)/(h_S - h_w)\} \times 100 = 37.6\%$
タービン効率 $\eta_t = (P_T \times 1)/\{Z(h_S - h_t)\} \times 100 = 83.3\%$
タービン室効率 $\eta_{Ta} = (P_T \times 1)/\{Z(h_S - h_w)\} \times 100 = 31.3\%$

2.2.4 ボイラとその関連設備

a. 燃料と燃焼方式

固体燃料は低位発熱量が 5000〜6000 kcal/kg である褐炭と瀝青炭の石炭である．石炭燃焼装置には，固体のまま移動する火床の上で燃焼させる**ストーカ燃焼方式**（ボイラ容量が比較的小さい場合）と，微粉炭機で約 75 μm 以下のサイズにした微粉炭を空気といっしょに旋回交差させバーナで完全燃焼させる**バーナ燃焼方式**（ボイラ容量が大きいほとんどの場合）がある．また，蒸気温度を制御する目的でバーナの噴射角度を上下できる**チルチングバーナ**や排ガスを燃焼空気に取り込み低酸素濃度で燃焼する**低 NO_x 石炭バーナ**が開発されている．

液体燃料は低位発熱量が 9900〜10800 kcal/kg の原油，重油，軽油，ナフサの石油である．大気汚染防止のため，硫黄含有量の低い原油，重油そしてナフサがおもに使用される．この液体の燃焼装置には，バーナ先端部のオリフィス（小さな穴）から油圧で加圧した燃料を噴出し微粒化して燃焼させる**油圧噴射式バーナ**がある．しかし，粘度の高い原油や重油は油ポンプを出ても流動性が低いので**オイルヒータ**（蒸気利用）で加熱し，バーナが使えるまで粘度を下げる必要がある．

気体燃料は高位発熱量が 9000〜12000 kcal/Nm³ の天然ガス LNG ｛メタン CH_4（85%以上）とエタン C_2H_6（10%以下）｝が火力発電で最も使われる．この他，液化石油ガス LPG や製鉄所で副産される高炉ガスとコークスガスも利用される．**LNG 用ガスバーナ**は，バーナ先端から燃料を高速噴射させ，燃焼用空気を外部から噴射混合させ燃焼させるものである．

その他の燃料として，石炭の流動性を高めるために石炭（70%），水（30%）とわずかな界面活性剤を粉砕混合した**石炭スラリ燃料** CWM（coal water mixture）の開発が進められている．

なお，2種類の燃料を混焼するものやCO_2排出量を削減する目的で石炭と**バイオソリッド燃料**を混焼する火力発電所もある．

b. ボイラ

燃料の化学エネルギーが火炉（燃焼室）で燃焼によって燃焼ガスの熱エネルギーへ変換される．蒸発管は燃焼室の壁に配列された**水冷管壁**（water cooled wall）を構成し，下部から上部に向かうボイラ水が燃焼ガスの熱エネルギーを熱伝達の放射で吸収して汽水混合液となり上昇する（図2.31）．

自然循環ボイラは，図示していないが図2.31（a）の強制循環ボイラで循環ポンプをもたないものである．**汽水ドラム**（汽水分離器：steam separator）内の蒸気圧力が$102 \sim 127$ kg/cm^{2}と臨界圧力226 kg/cm^{2}に比べて低い場合，蒸気と水の比重差が大きく，ボイラ水は自重によって降水管を下る．再び燃焼ガスで加熱されたボイラ水は，温度上昇で比重が低下し蒸発管内を上昇し，蒸気を分離して再び循環する．わが国では$75 \sim 350$ MWの発電出力の汽力発電所にこのボイラ形式が採用されている．

強制循環ボイラは，蒸気圧力が169 kg/cm^{2}へ高まると，蒸気と水の比重差が小さくなり，ボイラ水が自重で降水管を降下しないの

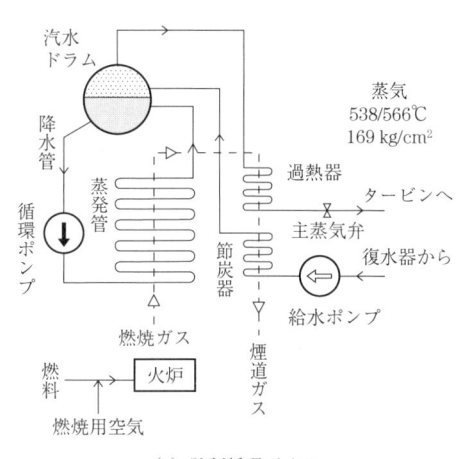

(a) 強制循環ボイラ

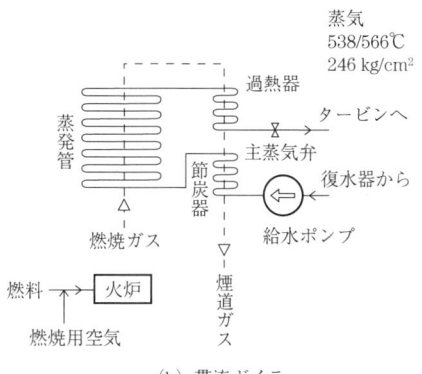

(b) 貫流ボイラ

図 2.31　各種ボイラ

で**循環ポンプ**で強制的に降下させ循環させるものである（図 2.31 (a)）．この汽水ドラムをもつボイラ方式は，わが国では蒸気圧力 169 kg/cm² 以上で発電出力 156 MW を超える汽力発電所に多く採用されている．

貫流ボイラ（once-through boiler）は，蒸気圧力が臨界圧力を超える 246 kg/cm² で使用する場合，給水ポンプから供給されたボイラ水が蒸発管内で加熱される過程で飽和蒸気に直接なるもので，汽水ドラムを必要としない簡単な構造で制御応答の速いものである（図 2.31 (b)）．わが国では，このボイラは**亜臨界圧力**の 169 kg/cm²，**超臨界圧力**の 246 kg/cm²，そして**超々臨界圧力**の 316 kg/cm² の蒸気を使用する汽力発電所に使用される．特に，負荷の変動に対して蒸気圧力を可変できる運転（**変圧運転**）が可能で熱効率もよいことから，中間負荷用汽力発電のボイラとして採用される．

ところで，汽水ドラムや蒸発管で発生した飽和蒸気は，高温燃焼ガスでボイラ内に設置した**過熱器**（直径 35～50 mm の低炭素鋼やモリブデン，ニッケル，クロムを含む特殊鋼の管）で加熱され，過熱蒸気とし**主蒸気弁**を通して蒸気タービンへ送られる．この過熱器は放射，接触そして放射接触の燃焼ガスの伝熱方式で分類され，大型ボイラでは**放射接触過熱器**が用いられる．

一方，再熱サイクルを利用する場合，高圧タービンで仕事をした主蒸気の圧力と温度の低下でタービン熱効率の低下とタービン翼の腐食が起こるのを防止するため，抽気した蒸気を再びボイラへ戻して再加熱する装置が**再熱器**である．その構造がほぼ過熱器と同様である再熱器は発電出力 75 MW 以上の発電用ボイラに設置される．

c. ボイラの関連設備

過熱器と再熱器を経由した燃焼排ガスは高温で相当の熱エネルギーを保有する（図 2.21）．このエネルギーを給水の加熱として回収する装置が**節炭器**である．給水の流れ方向と燃焼排ガスの流れ方向は熱エネルギーを有効に回収するため逆になっている．最近では，再生サイクルを導入した大型ボイラの採用により，給水が 170℃以上と高くなり排熱回収率は従来より低下している（燃焼排ガス温度と給水温度の差が大きいほど，構造の同じ節炭器では熱回収率は高くなる）．

煙突で排出される前に，節炭器を出てまだ高温の燃焼排ガスから燃焼用空気

の温度上昇として熱回収する装置が**空気予熱器**である．この 250〜300°Cに加熱された燃焼用空気は，燃料の着火とボイラの燃焼効率を高める．

図 2.32 は鋼管型で熱伝導式の空気予熱器を示す．節炭器と同様に，熱回収効率を上げるために空気の流れ方向と燃焼排ガスの流れの方向は逆である．高温の煙道ガス（燃焼排ガス）から低温の燃焼用空気への定常熱流 Q [W] の関係式を図 2.32 にまた示す（一次元モデル）．熱流の大きさは，材料で決まる物性値の熱伝導率 λ_{tc} と熱伝達率 δ_{ts}，温度差（$T_{gs}-T_{as}$），（$T_{as}-T_a$），そして幾何学的寸法の管の厚さ L_t と管の伝熱面積 A に依存する．これらの熱伝導と熱伝達の式はボイラでの熱交換を考える場合の基本式である．

最近の汽力発電では空気予熱器での熱回収の役割が大きくなり，より熱回収効率の高い熱再生式の**ユングストローム型**（Ljungtröm type）**空気予熱器**が多く採用されている．この空気予熱器は，波型鋼板を多数詰めた円筒状の回転体の半分を高温の燃焼排ガスが通過し，他の半分を低温の燃焼用空気が通過するようにし，2〜3 rpm の速度で回転させ，交互に直接接触させて熱を受け渡すものである．

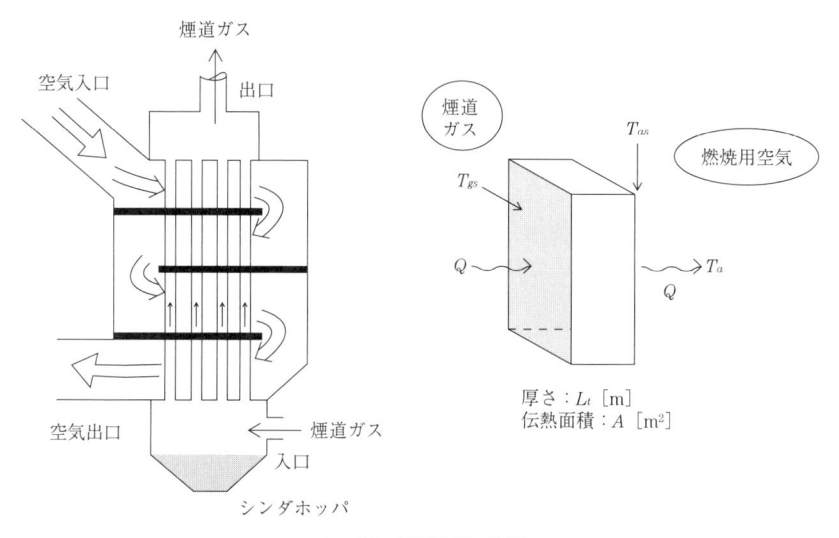

図 2.32 管型空気予熱器

$$Q=\lambda_{tc}\frac{T_{gs}-T_{as}}{L_t}A(\text{熱伝導})=\delta_{ts}(T_{as}-T_a)A(\text{熱伝達}) \ [\text{W}]$$

d. 排煙の環境対策

(1) 排煙脱硝装置　ガスタービン発電の燃焼器（高温燃焼）や火力発電でのボイラでは，燃焼に伴って**酸性雨**や**光化学スモッグ**の誘導物質の窒素酸化物 NO_x（NO 90〜95％と NO_2）を発生する．この NO_x は高温燃焼中に空気中の窒素が酸化するもの（thermal NO_x）と燃料中の窒素分が酸化するもの（fuel NO_x）とがある．NO_x を燃焼排ガスから除去する装置が**排煙脱硝装置**である．

図2.33はこの脱硝装置の原理を示し，250〜350℃の高温下でのみ動作する**アンモニア接触還元法**である．アンモニア（NH_3）と排ガスを混合して**触媒**（catalyzer：Al_2O_3，Fe_2O_3，TiO_2 系）を通すと NO_x が還元され無害の N_2 と H_2O となる．特に，TiO_2 系の触媒は低温でもよい活性を与え，硫酸塩を生成しがたく，脱硝率も約90％を達成する．さらなる NO_x の低減策は低温・低酸素濃度での燃焼と窒素分の含有率が低い燃料の使用である．

(2) 排煙脱硫装置　もう1つの酸性雨の誘導物質である硫黄酸化物 SO_x は，石油や石炭を燃焼すると燃料中の硫黄の燃焼反応で発生する．この燃焼排ガスに含まれる SO_x（SO_2 と SO_3）を除去するのが**排煙脱硫装置**である．この脱硫装置には，乾式（活性炭吸着法）と湿式とがあるが，発電用ボイラでは湿式の**石灰-石こう法**が多く用いられる．SO_2 の吸着と酸化過程は次式で与えられる．

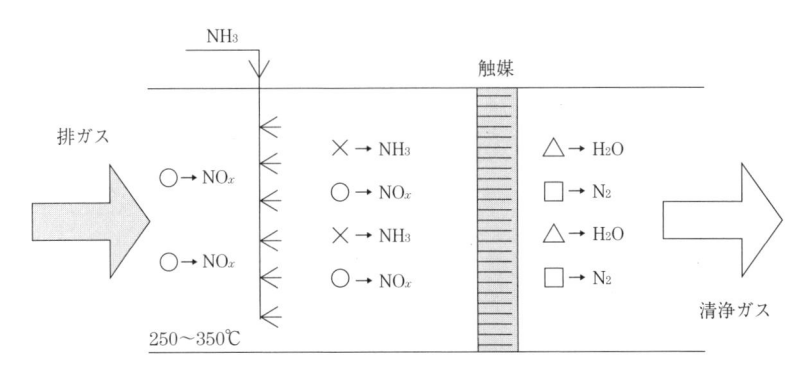

図 2.33　排煙脱硝装置の原理
$4 NO + 4 NH_3 + O_2 \rightarrow 4 N_2 + 6 H_2O$
$6 NO_2 + 8 NH_3 \rightarrow 7 N_2 + 12 H_2O$

$$SO_2 + 2H_2O + CaCO_3 \text{（石灰石）} + \frac{1}{2}O_2 \rightarrow CaSO_3 \cdot 2H_2O \text{（石こう）} + CO_2 \tag{2.50}$$

具体的には，燃焼排ガスに石灰水を上部から霧状にスプレーして反応させ，反応生成物を下部で回収する．このとき，排ガスが冷却されるので煙突から放出されやすいように排ガスを再加熱する必要がある．SO_x の低減策は硫黄分を含まない燃料である LNG と LPG（liquefied petroleum gas）の使用である．これらの燃料は液化時に硫黄成分が除去される．

(3) **集じん装置** 灰分を多く含む石炭を燃焼すると，煤じん（粉じん）が多量に排出される．粉じんのサイズは，小さいものでサブミクロンのオーダーである．比較的大きな数十 μm 以上のサイズの粉じんは，遠心力方式の**サイクロン集じん装置**（集じん効率 80〜85％）や不織布で濾過する**バグフィルタ**（bag filter）で捕集される．さらに小さい粉じんを捕集するには図 2.34 に示す**電気集じん装置**（electostatic precipitator）が使用される．

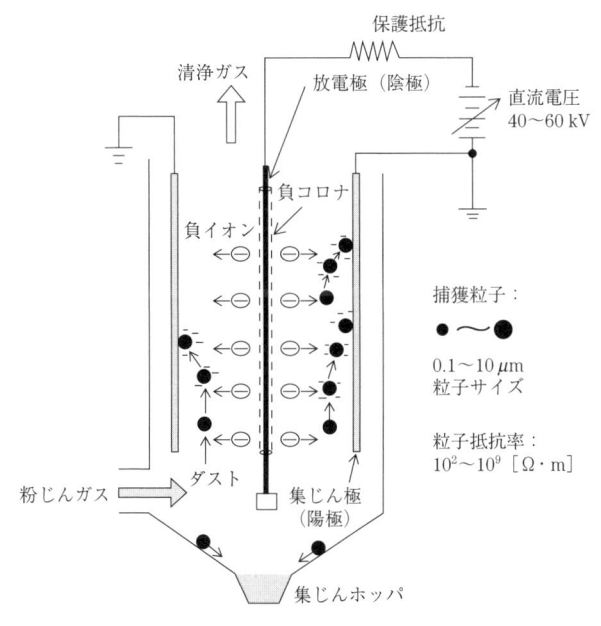

図 2.34 電気集じん装置の原理

電気集じん装置は別名**コットレル集じん装置**（Cottrell dust precipitator）と呼ばれる．図2.34にその原理を示すように，細い金属線の放電極と粉じんを捕集する面状の集じん極の間に40～60 kVの直流高電圧を印加してコロナ放電を発生した状態で，燃焼排ガスを通過させ，その粉じんに負イオンを帯電してクーロン力で集じん極（陽極）に捕集するものである．使用されるコロナ放電は，イオン電流を広範囲に変化でき，高い電圧で使用できる負極性の放電である（放電極の極性は負極性）．この集じん装置は，0.1～数十μmのサイズの粉じんを99％程度の捕集効率で捕集可能である．また，捕集した粉じんは定期的に集じん極を機械的にハンマリングして落下させ**集じんホッパ**に集める．

このように，サイクロン集じん装置と電気集じん装置を併用することで，広い範囲のサイズをもつ燃焼排ガス中の粉じんが効果的に捕集できる．

2.2.5 タービンとその付属設備

a. タービンのエネルギー変換

熱エネルギーをもつ過熱器を出た主蒸気は蒸気タービンで機械的エネルギーへ変換される．その蒸気作用による変換方式の相異によって，蒸気タービンは**衝動タービン**（impulse turbine）と**反動タービン**（reaction turbine）に大別される（図2.35）．

衝動タービンは，蒸気が**ノズル**または**案内羽根**（静翼）を通る間に膨張して，高速で噴出し，**回転羽根**（動翼）に衝突して，その**衝撃力**で羽根車を回転させるものである．このとき，回転羽根を通過中には蒸気の圧力は変化しないが，ノズルと案内羽根を通過中の蒸気は圧力を低下するに伴い速度を増す．ノズルを出た蒸気が圧力一定で速度のみ変化するものを**速度複式衝動タービン**（1段のみの場合，**単式衝動タービン**）といい，また図2.35（a）のように圧力と速度が変化するものが**圧力複式衝動タービン**で多くの汽力発電に採用されている．

反動タービンは，ノズルの代わりに**固定羽根**（stationary vane）を用いて高速の噴流をつくり，その噴流による回転羽根への衝撃力を利用するとともに，回転羽根中の圧力低下による蒸気の膨張による**反動力**も利用するものであ

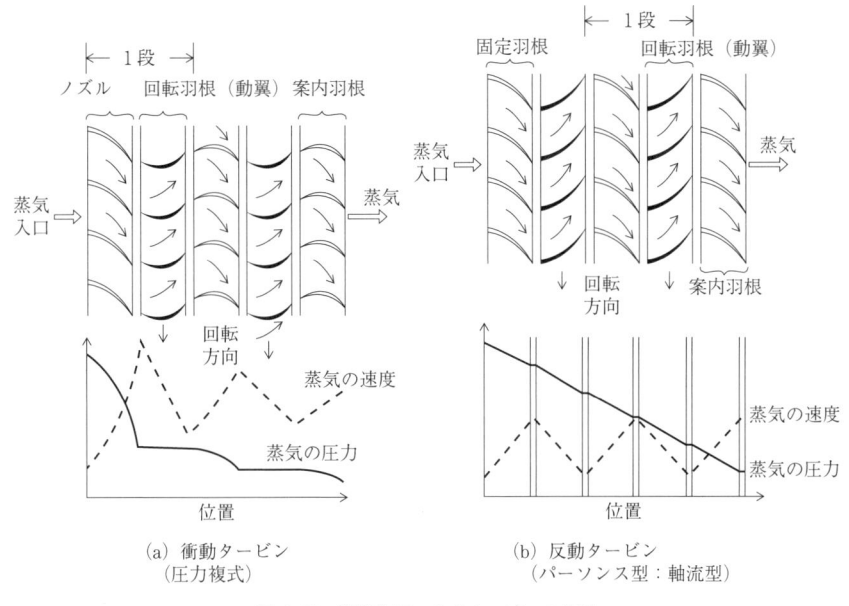

図 2.35　蒸気作用によるタービンの分類

る（図 2.35 (b)）．この反動力に変換される全エネルギー対する割合の**反動度** ρ は，次式で定義され，一般に 0.5（百分率では 50%）が使用される（図 2.36）．

$$\rho = \frac{A(w_2^2 - w_1^2)/(2g)}{AC_1^2/(2g) + A(w_2^2 - w_1^2)/(2g)} \quad (2.51)$$

ここで，$h_S = \dfrac{AC_1^2}{2g}$ は静翼での入口と出口の**熱落差**（thermal head，エンタルピーの差）で，運動エネルギーへの変換を意味する．また，$h_m = A(w_2^2 - w_1^2)/(2g)$ は動翼中での熱落差である．ただし，A と g は $A = 1/427$ [kcal/kg 重·m] の仕事の熱当量と重力加速度である．

ところで，反動タービンには図 2.35 (b) に示した**パーソンス型**と，固定羽根の代わりに**羽根環**（blade ring）を設け，反動度を 100% にして同一の羽根速度で蒸気速度を 2 倍にする**ユングストローム型**とがある．

次に，図 2.36 に示したタービン翼に対して 1 kg の蒸気が単位時間（1 s）

になす仕事量（仕事率）P を求める．

翼に及ぼす蒸気の力（運動量の変化）は

$$F = \frac{C_1 \cos \alpha_1 + C_2 \cos \alpha_2}{g} \quad \text{kg 重/kg}$$

で，また**トルク**（回転駆動力）は

$$T = \frac{r_1 C_1 \cos \alpha_1 + r_2 C_2 \cos \alpha_2}{g} \quad \text{kg 重·m/kg}$$

（r_1 と r_2 は回転軸からの距離，$r_1 \fallingdotseq r_2$）

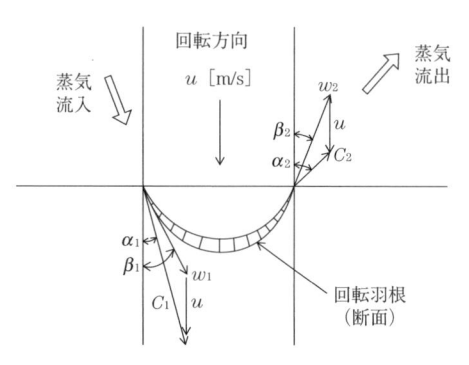

図 2.36 回転羽根のエネルギー変換
C_1 と C_2：相対速度
w_1 と w_2：絶対速度
β_1 と β_2：入口角と出口角

である．それゆえ，蒸気で変換される仕事率は次式で与えられる．

$$P = T\omega = \frac{u_1 C_1 \cos \alpha_1 + u_2 C_2 \cos \alpha_2}{g} \quad \text{kg 重·m/(kg·s)}$$

（u_1 と u_2 は周速度：角速度 ω ×回転半径 r で，$u_1 \fallingdotseq u_2$）

反動タービンでは，$\beta_1 > \beta_2$ で $r_1 \fallingdotseq r_2 = r$ と $u_1 \fallingdotseq u_2 = u$ であるから，

$$P = \frac{(C_1^2 - C_2^2) + (w_2^2 - w_1^2)}{2g}$$

となり，また衝動タービンでは，$\beta_1 \fallingdotseq \beta_2$ と $w_1 \fallingdotseq w_2$ も成立するので，

$$P = \frac{2u(C_1 \cos \alpha_1 - u)}{g}$$

となる．

【例題 2.11】 蒸気が 70 m/s の速度と 670 kcal/kg のエンタルピーでタービンの段落に入り，そして仕事を終えて 140 m/s の速度で 630 kcal/kg のエンタルピーで段落を出る．このとき，タービンのなした仕事 [kcal/kg] はいくらか．

（解） 蒸気の入力エネルギー E_{in} は，エンタルピー h_1 と速度 v_1 の運動エネルギーの和である．

$$E_{\text{in}} = h_1 + \frac{Av_1^2}{2g} = 670 + \frac{1}{427} \times \frac{70^2}{2 \times 9.8} = 670.585 \text{ kcal/kg}$$

一方，蒸気の出口のエネルギー E_{out} も同様にして求まる．

$$E_{\text{out}} = h_2 + \frac{Av_2^2}{2g} = 630 + \frac{1}{427} \times \frac{140^2}{2 \times 9.8} = 632.341 \text{ kcal/kg}$$

よって，タービンのなした仕事 W は，

$$W = E_{\text{in}} - E_{\text{out}} = 38.2 \text{ kcal/kg}$$

となる．また，A（$=1/427$）は 1 kg 重・m の仕事量が 1/427 kcal の熱エネルギーに対応し，仕事の熱当量と呼ばれる．

b. タービンの種類と構造

蒸気タービン内の回転羽根で仕事をなした蒸気は断熱膨張によって次第に圧力と温度を低下する．この圧力と温度の低下した蒸気は比容積（1 kg 重あたりの体積）が増加し，効率的に回転力を得るためにはより広い面積をもつ長尺の回転羽根を必要とする．よって，大容量の蒸気タービンでは，入口の蒸気の圧力にしたがって**高圧タービン**，**中圧タービン**そして**低圧タービン**に分割されるとともに，製作の問題から同一タービン内を両向きに蒸気が流れるタービンも採用される（図 2.37）．

図 2.38 は，約 300 MW 以上の代表的な大容量再熱タービンで，各タービンが 1 軸で連結された**タンデムコンパウンド型タービン**（tandem-compound

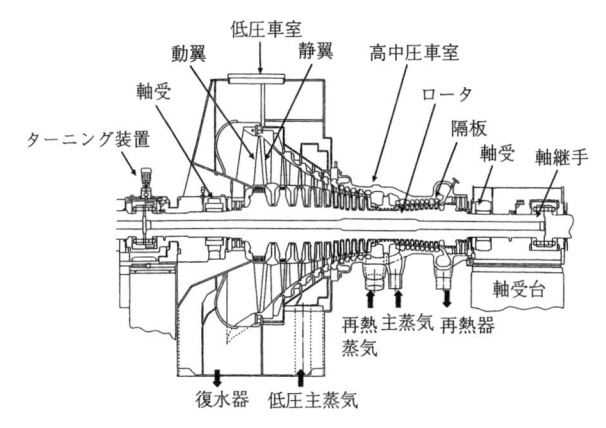

図 2.37 蒸気タービンの主要構造（高中低圧一定型）

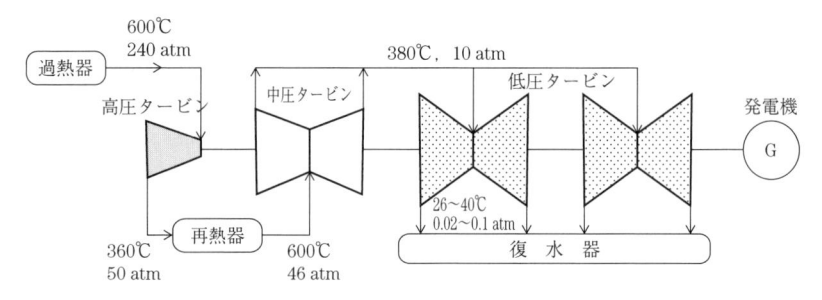

(a) 4流4車室（タンデムコンパウンド型, 1軸）
温度と気圧は，大型火力の例．

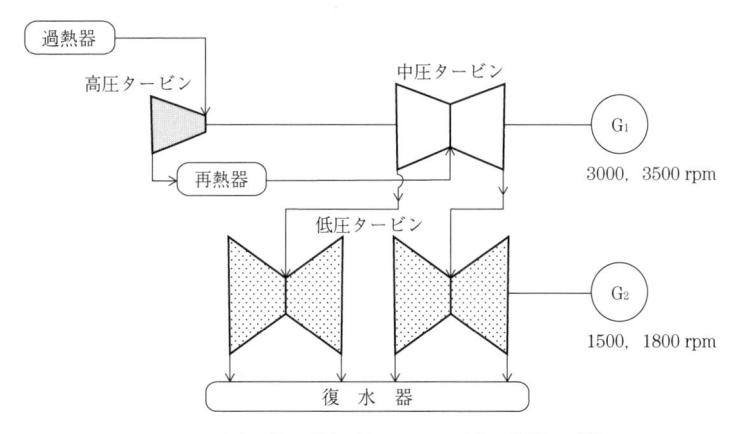

(b) 4流4車室（クロスコンパウンド型, 2軸）

図 2.38 各種タービンの形式

turbine, 串型）と，各タービンが2軸に分割された**クロスコンパウンド型タービン**（cross-compound turbine, 並列型）を示す．後者のタービンは，2台の発電機を要するが，前者の2倍の容量（最大単機発電出力 1358 MW）をもつタービンも製作可能である．ここで，4流とは復水器に流入する蒸気流の数を，また車室とは静翼と動翼を取り囲むケーシングの数である．小中容量のタービンは，蒸気流数と車室数の少ない，たとえば複流2車室，3流3車室とより構造の簡単なものとなる．

この他の蒸気タービンは使用目的で分類され，**復水タービン**，**再生タービン**，**背圧タービン**（使用した蒸気を復水器に戻さず，工場などの別の用途に使

用する），そして**混圧タービン**（異なる圧力の蒸気を同一タービンで使用する）などがある．

一方，**ガスタービン発電**や**コンバインドサイクル発電**で使用されるガスタービンは，1000～1500°Cの高温燃焼ガスを作動流体として，その断熱膨張で蒸気タービンと同様に回転駆動力を得るものであり，数段の単車室で構造は簡単である．ガスタービンの第1動翼はほぼ燃焼温度に対応する最高温度にさらされる．高温にさらされる動翼を保護するために，1100°C級では動翼の植え込み部から羽根先端まで多数の冷却孔を開けた**空気強制冷却方式**がとられる．さらに高温の1500°C級の動翼は，高温強度の高い単結晶材を用いその表面をセラミック系のTBC（thermal barrier coating）としたものを使用するとともに，空気に対して熱伝達率が1.5倍の**蒸気強制冷却**がなされる．

ガスタービン発電の単機発電出力は，空気圧縮の圧力比（たとえば23.2）を高めた高温燃焼化と動翼材料の耐高温化によって，1100°C級の80 MW程度から現在では1500°C級の260 MW程度まで実現されている．

c. タービンの関連設備

蒸気タービンから排出された蒸気を冷却凝縮して水（復水）に戻すとともに，低温での蒸気温度で決まる飽和圧力（タービンの背圧）を真空に保ち熱落差をできるだけ大きくするものが**復水装置**（condensing plant）である．この装置は，蒸気を冷却凝縮し真空をつくり，復水として回収する**復水器**，真空を悪くする残留空気を排気する**空気ポンプ**，冷却凝縮するために用いる冷却水（おもに海水）を循環させる**循環ポンプ**，そして復水器からボイラへの給水系へ復水を排出する**復水ポンプ**からなる．

復水器は，蒸気と冷却水の間で熱交換する冷却管と蒸気を凝縮して復水にする胴とに大別される．復水器内部の標準的な真空度は-722 mmHg（絶対圧力38 mmHg）である．これ以下に真空の絶対圧力を下げると蒸気の比容積が急速に増大し，その真空の維持装置の設備費が増えるが，タービン熱効率は改善される．広く使用される復水器は，**表面復水器**（surface condenser）と呼ばれ，密閉した容器内に多数の冷却管を配置し，その管壁を通じて熱交換を行うものである．この冷却に使用される冷却水の流量は蒸気流量の50～120倍であり，蒸気エネルギーの40%以上が冷却水で失われる．

なお，多量の冷却水が確保できない場合には，復水器から排出された冷却水を**冷却塔**（cooling tower）で空気冷却し再循環する．この冷却塔は欧州の内陸部の火力・原子力発電所やわが国の地熱発電所によく見られる．

復水器からボイラへの給水系に排出された復水は**給水**と呼ばれ，またボイラ内へ供給された給水を**ボイラ水**という．給水系のおもな設備は，タービンから抽気した蒸気で給水を加熱する**給水加熱器**と給水中に溶存する酸素と炭酸ガスをガス分離で取り除く**脱気器**（空気分離器），そして絶えずボイラでの蒸発量に相当する給水を送り，蒸発管の過熱を防ぐ**給水ポンプ**である（図 2.21）．

この**ボイラ給水ポンプ**には，汽力発電所の中で最も大きな補機容量をもち，350 MW 級以上の中・大容量の発電所では**蒸気タービン駆動方式**が，また故障時の予備として**電動機駆動方式**がとられる．

ボイラへの給水は，pH 9.0～10 程度のアルカリ性にし，ボイラ壁を腐食しやすい炭酸塩，塩酸塩，酸素などを除去する**給水処理**（feed water treatment：一次水処理）がなされる．また，濃縮されたボイラ水中の不純物はボイラ水の一部とともに系外に排出する**ボイラ内水処理**（boiler water treatment：二次水処理）がなされる．

一方，**ガスタービン発電**では，ガスタービンから排出された燃焼排ガスが**オープンサイクル**では空気予熱器を通して大気に放出されるが，**クローズドサイクル**では空気予熱器（熱交換器）→ 前置冷却器 → 空気圧縮機 → 空気予熱器 → 空気加熱器（燃焼器）→ ガスタービンと作動流体の空気が循環し燃焼ガスとは混合しない（図 2.39）．このように，ガスタービン発電では復水装置や給水

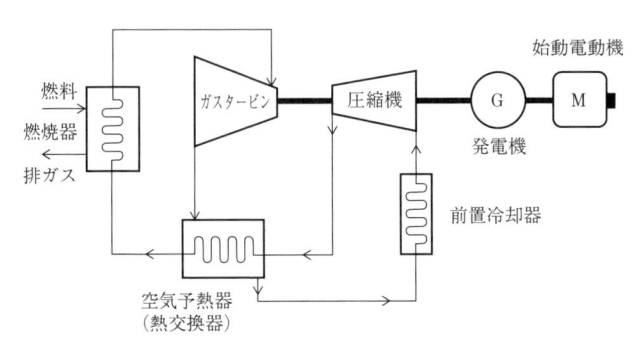

図 2.39 クローズドサイクル（ガスタービン発電）

系がないので構造が簡単で制御が容易となる．

d. タービンの速度制御

運転中の自動調速（同期回転速度への調整），負荷変化の速度調整，無負荷時の速度調定は，水車と同じようにタービンの回転数を一定に保つように**調速機**で行う．速度の調整は，水車ではニードルバルブやガイドベーンの開口度で流量を調整して行うが，蒸気タービンでは**蒸気加減弁**の開口度と主蒸気圧力を加減して蒸気流量（または蒸気の状態）の調整で行う．

従来の汽力発電では，蒸気圧力を一定とし加減弁の開口度を調整して発電出力制御を行っていた（**定圧力制御方式**）．最近では，蒸気温度の変化が少なく広範囲の負荷変動に対応でき，熱効率が高く，また運転追随性もよい主蒸気圧力を変化させる制御方式がとられる（**変圧運転**）．主蒸気圧力は，循環ボイラでは燃焼の程度（燃料供給量，空気量）で，また貫流ボイラでは給水量によっても調整できる．この変圧運転はピーク負荷やミドル負荷を分担し，負荷変動の大きな火力発電におもに採用される．

タービンの回転速度（3000，3600 rpm）を検出する方式によって一般の調速機の名称は分類され，錘の遠心力による**機械式調速機**，磁気センサによる**電気式調速機**，そして油ポンプの吐出圧力による**油圧式調速機**がある．この検出結果に基づき最終的に調整される蒸気加減弁の開口度は，油圧を用いたサーボ機構による．このとき，蒸気加減弁によるタービンへの蒸気流入制御法には，1個または複数の絞り弁を同じ特性で開閉する**絞り調整法**，多数のノズル弁を直列に開閉する**ノズル調整法**，そして主蒸気弁に小弁を設け，全加減弁を全開のままで始動時に小弁の開度を調整して第1段落タービンに全周噴射させる**全周噴射法**がある．この調速機の特性を与える**速度調定率** R は，定格回転数 N_n [rpm]，定格出力 P_n [kW] の場合，水車と同様に N_1 で P_1 運転中の発電機が回転数 N_2 へ増加し，出力 P_2 へ減少したとき，次式で定義される．

$$R = \frac{(N_2 - N_1)/N_n}{(P_1 - P_2)/P_n} \times 100\ \% \tag{2.52}$$

この速度調定率は，全負荷から無負荷に変化した場合でも系統の安定性を考慮して 3〜5% に規定されている．

ところで，水車より高速回転する蒸気タービンは強力な遠心力を受けるため，定格回転速度の1.11倍の過速度になる前に蒸気タービンを非常停止させる**非常用調速装置**の設置が義務づけられている．蒸気タービンを緊急停止するには，タービンに供給される主蒸気をしゃ断する必要がある．このしゃ断に用いられる**主蒸気止め弁**は11 MPaの高圧の油圧で0.1 s程度で閉じる性能をもつ．

2.2.6 タービン発電機と運転特性
a. タービン発電機の構造
高速回転する界磁巻線を施した非突極型の円筒型回転子（2極または4極）と多数回の電機子巻線をもつ固定子からなる**タービン発電機**は，軸長が長くなり横軸に配置され，遠心力と軸応力に耐えるように構成され，電気絶縁の容易な星型結線（Y結線）された**三相同期発電機**である．この発電機は，水車用の発電機に比べて，同期インピーダンスが大きく短絡比（0.5～1.0）の小さい**銅機械**とも呼ばれ，負荷急変時の電圧変動率が大きく安定度が劣るため**自動電圧調整器 AVR** が必ず設置される．また，界磁巻線に直流電源を供給する励磁方式は水力発電機と同じで，**直流励磁方式**，**交流励磁方式**，そして**静止型励磁方式**がある．

回転数3600 rpmで，単機出力1120 MWの大容量タービン発電機も稼働しているが，発電機容量 P [kVA] と発電機体格（D：回転子外径 [m]，L：固定子鉄心長 [m]）との間に，次の関係がある．

$$P = K \cdot B_g \cdot A_c \cdot D^2 \cdot L \cdot N \tag{2.53}$$

ただし，K は定数，B_g はギャップ磁束密度 [Wb/m^2]，A_c は電気装荷 [A/m]，そして N は回転速度 [rpm] である．ここで，$C = K \cdot B_g \cdot A_c$ の値は**出力係数**と呼ばれ，発電機容量を決定する指標である．発電機の定格出力は出力端子での皮相電力で表し，定格力率を併記することもある．

熱効率がより高い大容量の汽力発電の建設に伴いタービン発電機の大容量化が進められてきた．(2.53) 式の発電容量から，D と L の長尺化には機械強度の点から制約を受けるために，励磁電流の増加で B_g を大きくする方法（回転子）と電機子電流（負荷電流）の増加で A_c を大きくする方法（固定子）がと

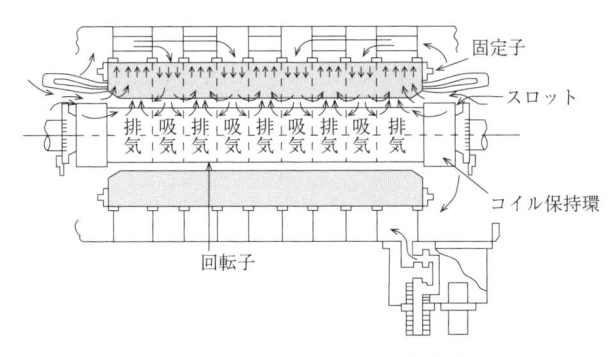

図 2.40 同期発電機の水素冷却方式

られる．

これらの電流を大きくして出力係数を増す方法は，いずれも図 2.40 に示す界磁巻線と電機子巻線でのジュール加熱による温度上昇が電気絶縁劣化と機械強度の低下を招く．この加熱に対する対策として，巻線と鉄心の直接的または間接的な**空気冷却**，**水素冷却**（密閉構造で発電機内部にガス冷却器を設ける），そして純粋な水による**水冷却**がなされる．1000 MVA を超える大容量タービン発電機には，回転子水素直接冷却と固定子水直接冷却や，回転子と固定子とも水直接冷却が採用される（図 2.40）．これらの冷却材の冷却能力を比較すると，空気の冷却能力を 1 とした場合，水素ガス（ゲージ圧：3 kg/cm^2）は 4 倍，そして水は 50 倍である．冷却水は，不純物をイオン交換樹脂で処理した純水が使用され，高電圧でもよい電気絶縁性能をもつが，常時その電気特性を監視する必要がある．また，界磁を 2 極から 4 極に増やし同期速度を 1500 rpm に下げて遠心力を抑制するとともに，上記の冷却方式を採用して単機容量 1540 MVA のタービン発電機（原子力発電）も運用されている．

次世代の大容量でコンパクトなタービン発電機としては，実用化を目指した超伝導界磁巻線を採用し B_g の制約を大きく改善する**超伝導同期発電機**（superconducting synchronous generator）の開発が進められている．

b. タービン発電機の電気特性

同期発電機は，同期速度を保って電力系統に接続された負荷に対応した有効電力と無効電力を供給する．有効電力は蒸気タービンなどの原動機出力のみで調整されるが，無効電力は界磁電流（励磁電流）の増減で遅相から進相まで調

整可能である．

負荷電流 I_r [A] で遅れ力率 $\cos\theta$ の負荷が接続された場合，**三相同期発電機が分担する有効電力** P_G [W] と**無効電力** Q_G [Var] は，一相あたりの誘導起電力 E [V]，端子電圧 V_S [V] であるとき次式で与えられる（図2.18）．

$$P_G = 3\ V_S I_r \cos\theta = 3\ EV_S \sin\delta/X_S \tag{2.54}$$

$$Q_G = 3\ V_S I_r \sin\theta = 3\ EV_S \cos\delta/X_S - 3\ V_S^2/X_S \tag{2.55}$$

ここで，δ は誘導起電力と端子電圧の位相差である**負荷角**（内部相差角）で，X_S は発電機の同期リアクタンス（電機子反作用リアクタンス＋電機子漏れリアクタンス）である．

この電機子巻線抵抗 r_a を無視した簡単な式から，最大出力は負荷角 $\delta = 90°$ のときであることがわかる．しかし，負荷変動したとき**同期外れ**（脱調，step out）を起こさず安定に運転できる**同期化力**（synchronizing power）$T = dP_G/d\delta = 3\ EV_S \cos\delta/X_S$ [W/rad] は最大出力付近（$\delta = 90°$）では最低となる．よって，同期外れを防止するには同期化力を大きくすることと，回転子に制動トルクを発生するための**制動巻線**（damper winding）が施される．

図2.41はある水素ガス冷却された発電機の**可能出力曲線**を示す．①の領域は**進相運転**（低励磁運転）時での固定子鉄心端部の過熱で制限され，負荷に進相無効電力を供給する領域である．②の領域は，**高負荷運転**時で固定子の電機子巻線の過熱に制限される領域である．そして，③の領域は**遅相運転**（過励磁

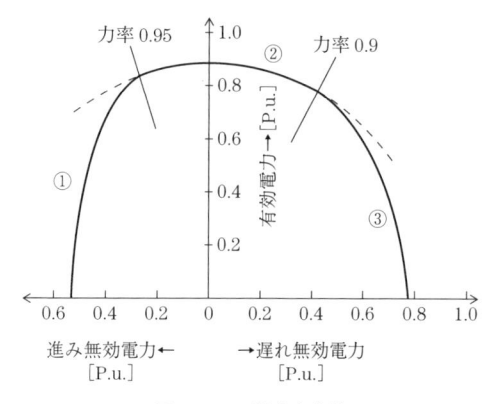

図 **2.41** 可能出力曲線

2.2 火力発電

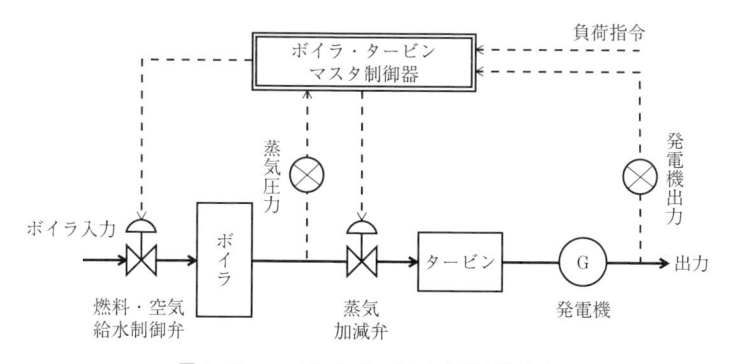

図 2.42 タービン発電プラント総括制御方式

運転）時での回転子の界磁巻線の過熱で制限され，負荷に遅相無効電力を供給する領域である．発電機の安定運転は可能出力曲線の範囲以内で行われる．

c. 火力発電所の制御方式

蒸気タービンを用いる火力発電所では，電力系統負荷の変動に追従した発電出力制御を行う．この制御方式には，保有熱量の大きいドラム型ボイラに適したボイラ追従制御方式，熱容量の小さい貫流ボイラに適したタービン追従制御方式，そしてこの2つの利点を組み合わせた大容量発電に適したプラント総括制御方式（図2.42）がある．

ボイラ追従制御方式では，負荷指令と発電機出力の差を**負荷制御器**で検出し，負荷の大きい場合は**蒸気加減弁**を開いて発電機出力を増加させる．そのときの蒸気圧力の低下を**圧力制御器**で検出し，ボイラ入力（燃料，空気，給水）を増加させ，蒸気圧力を高める．この一連の制御を繰り返し負荷指令と発電出力の差が解消されるように制御するものである．これに対して**タービン追従制御方式**では，負荷指令と発電機出力の差を負荷制御器で検出した後，先にボイラ入力を調整し，その蒸気圧力を圧力制御器で検出して蒸気加減弁を制御するものである．この方式は，ボイラ側の安定はよいが，負荷追従速度が遅くなる欠点をもつ．**プラント総括制御方式**では，負荷指令と発電機出力の差を**ボイラ・タービンマスタ制御器**で検出し同時にボイラ入力と蒸気加減弁を制御するもので，ボイラ側の安定と負荷追従速度を速くできる特徴を有する．

d. 発電計画と発電原価

火力発電所は計画から建設まで 10〜20 年を要し，稼働後も 30〜50 年程度運転される．燃料の選択に依存した電源構成は，環境性に加えて，経済性，運用性さらにエネルギー安定供給の面から検討される．わが国の電源構成は，原子力を中心として天然ガス，石炭，石油，水力と 1 つの燃料に偏ることなくさまざまな燃料を組み合わせることを基本とした電源の**ベストミックス**が図られている．

各電源の経済性は 1 kWh を発電する経費の**発電原価**で評価されるが，その発電原価は燃料費，建設単価，熱効率低減係数，設備利用率，年経費率などで変化する．また，この発電に要する経費は設備の運転時間によらず一定の経費である**固定費**と，運転時間に応じて変化する**可変費**に大別される．固定費は，おもに原価償却，金利，固定資産税などの設備の所有にかかわる**資本費**と，人件費，修繕費などの設備の運転・維持にかかわる経費である．一方，可変費は大部分が燃料費である．

図 2.43 は，電源の運用の点から運転時間に対する固定費と可変費の変化を 3 つのタイプに分類したものである．原子力と石炭火力は，固定費が高いが燃料単価が安いので可変費が低く，長時間運転で経済的となり**ベース負荷型電源**に適する．また，揚水式水力と石油火力は，固定費が低いが可変費が高いので，運転時間が短いときに経済的となることから，**ピーク負荷型電源**に適する．そして，その中間の天然ガス火力は**ミドル負荷型電源**に適する．

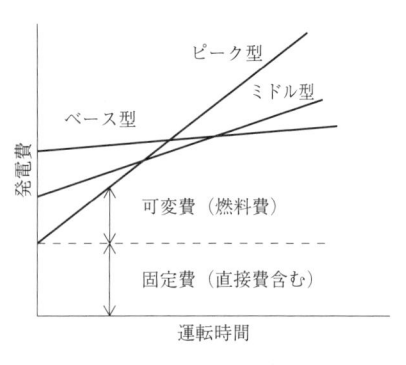

図 2.43 電源運用の経済的特性

運用面では，時々刻々と変化する電力需要に対して負荷追従性に優れ経済的な電源が必要となる．表 2.4 は，各電源の**起動時間**と**負荷変化率**（1 分間の負荷変化への対応率）を比較したものである．特に，負荷変動にすばやく対応できる電源として水力発電が有効である．

2.3 原子力発電   95

表 2.4 各電源の運用特性

分類	起動時間	負荷変化率 [%/分]
揚水式水力	数分	50〜60
石油火力	数時間	1〜3
LNG 火力	10 分〜数時間	1〜5
石炭火力	数時間〜十数時間	1〜3
原子力	数日	出力一定

ところで，効率はよくないがガスタービン発電は固定費が安く出力変化速度も速いため，ピーク負荷に迅速に対応できる経済的な電源である．これに対して，コンバインドサイクル発電は固定費が汽力発電よりやや高いが，熱効率が高く燃料費が安いので，ベース負荷型の電源としての運用が経済的である．

2.3 原子力発電

ある種の原子核の分裂（**核分裂**，nuclear fission）または原子核同士の融合（**核融合**，nuclear fusion）が起こると，その核反応前後で原子核を構成する核子（陽子と中性子）の結合エネルギーが増加し，より安定な原子核が形成される（図 2.44）．このとき，**質量欠損**（mass defect，アインシュタインの式 ΔmC^2）に相当する核エネルギーが放出される．特に，ウラン $^{235}_{92}U$ の核分裂での核エネルギーを**冷却材**（一般の商用原子炉では軽水）で熱エネルギーとして取り出し，蒸気タービンを回転して発電するのが一般の**原子力発電**（atomic power generation）である．

わが国の総発電電力量の約 3 分の 1 以上を発電する原子力発電は，単機出力が 1.3 GW を超える大型で高出力のものも建設されている．この発電は，起

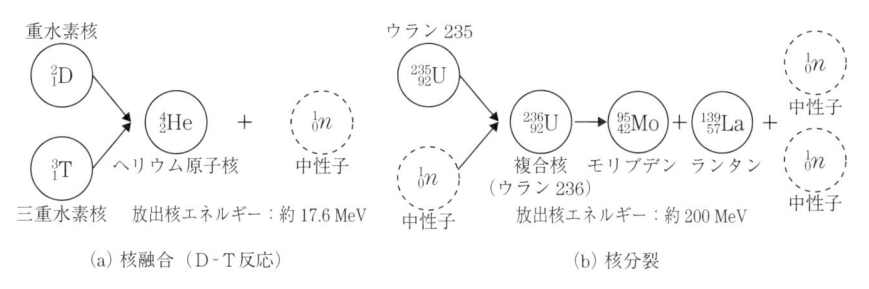

(a) 核融合（D-T反応）   重水素核 ^2_1D，三重水素核 ^3_1T → ヘリウム原子核 ^4_2He ＋ 中性子 ^1_0n　放出核エネルギー：約 17.6 MeV

(b) 核分裂   ウラン 235 $^{235}_{92}U$ ＋ 中性子 ^1_0n → 複合核 $^{236}_{92}U$（ウラン 236）→ モリブデン $^{95}_{42}Mo$ ＋ ランタン $^{139}_{57}La$ ＋ 中性子 ^1_0n　放出核エネルギー：約 200 MeV

図 2.44 原子核の融合と分裂

動停止に5～6日を要するので一定出力運転がなされ，ベース負荷を分担する．

原子力発電の利点は，石油火力発電に比べて単位電力量（1 kWh）あたりのCO_2排出量（**CO_2排出原単位** [kg-CO_2/kWh]）が約30分の1ときわめて少なく，地球温暖化に対するガス削減効果が大きい．さらに，核燃料の供給は価格変動の激しい化石燃料（石油，天然ガスLNG）に比べより安定している．しかし，使用蒸気の圧力と温度が火力発電用タービンに比べて低いので，原子力発電の発電効率は約35％と低い．

原子力発電の課題は，耐震性能を含む原子炉の安全性確保（**リスクミニマム**），核燃料サイクルの確立，高濃度放射性廃棄物対策，核不拡散条約遵守のプルトニウム管理などである．

2.3.1 原子核反応の基礎

a. 原子核と同位体

ボーアモデル（Bohr's model）によれば原子は中心部にほぼ球形の原子核（陽子と中性子の核子で構成）とその周囲を周回運動する電子からなる．化学反応では最外殻を周回する電子が重要な役割をもつが，原子核反応では原子核の構造やその原子核と中性子との衝突が関係する．

M原子の表し方は $^A_Z M$ の記号で与え，Mは原子の種類を表す記号で，Z と A はそれぞれ原子番号と原子質量数を意味する．原子番号の数値は，原子核を周回する電子（electron：-1.602×10^{-19} [C] の電荷）の数と原子核内のそれと同数の陽子（proton：$+1.602 \times 10^{-19}$ [C] の電荷）の数である．原子質量数 A は原子核内の中性子数を N，そして陽子数を Z とすると，$A = N + Z$ となる．ここで，電子の質量は核子の質量の1/1840倍程度と小さく軽いので無視でき，原子質量は原子核質量と同一とみなせる．

原子質量 A の原子の実質量は，原子質量12の炭素原子の実質量を12等分した**原子質量単位**1 [amu または u] $= 1.66054 \times 10^{-27}$ [kg] を A 倍した A [amu] である．

原子核を構成する核子である中性子（neutron）の質量 m_n と陽子の質量 m_p は，電子の静止質量 $m_e = 9.109 \times 10^{-31}$ [kg] に比べてきわめて大きい．

$$m_n = 1.008665 \text{ [amu]} = 1.67492 \times 10^{-27} \text{ [kg]}$$

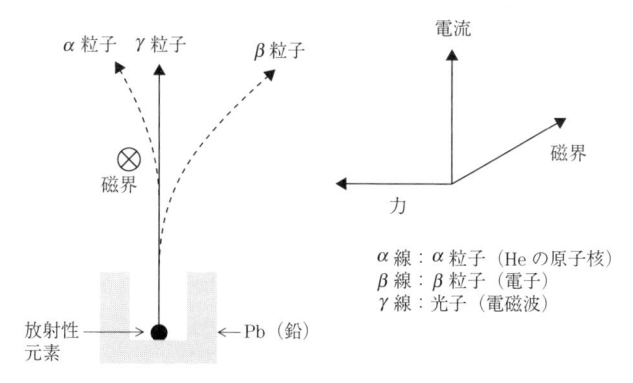

図 2.45 磁場による放射線の軌跡

$$m_p = 1.007276 \text{ [amu]} = 1.67262 \times 10^{-27} \text{ [kg]}$$

同じ原子番号で化学的性質も同じであるが質量の異なる原子を，互いに**同位体**（isotope）または**同位元素**であるという．この中で，特に**放射線**（α線，β線，γ線）を出すものは**放射性同位元素**と呼ばれる（図 2.45）．

たとえば，ウランの同位体には天然に存在するものと核反応時のみに生成される次のものがある．

　　　　天然ウラン：$^{234}_{92}\text{U}$（極微量），$^{235}_{92}\text{U}$（0.7%），$^{238}_{92}\text{U}$（99.3%）
　　　　核反応生成物：$^{233}_{92}\text{U}$，$^{236}_{92}\text{U}$，$^{239}_{92}\text{U}$

この $^{233}_{92}\text{U}$ は，天然にあるトリウム $^{232}_{90}\text{Th}$ を**親物質**として中性子の核反応で生成され，**熱中性子**（thermal neutron：20℃で速度が約 2200 m/s，エネルギーが 0.0252 eV である）の吸収で $^{235}_{92}\text{U}$ と同様に核分裂を起こす．なお，エネルギーの単位 1 [eV：電子（エレクトロン）ボルト] は真空中で電子を 1 V の電位で加速したとき電子の得るエネルギー 1 eV$=1.602\times10^{-19}$ [C]$\times 1$ V$=1.602\times10^{-19}$ [J] である．

b. 核力と結合エネルギー

原子核はほぼ球形で，その半径は質量数 A との間に $R=1.4\times10^{-15}A^{1/3}$ [m] の関係をもつ．^4_2He（陽子数 $Z=2$，中性子数 $N=2$），$^{32}_{16}\text{S}$（$Z=16$，$N=16$），$^{208}_{82}\text{Pb}$（$Z=82$，$N=126$），$^{238}_{92}\text{U}$（$Z=92$，$N=146$）と質量数のより大きな原子ほど，その原子核中の陽子数 Z が増し，この陽子の静電的クーロン斥力に打ち勝つより多数の中性子との間の**核力**（引力，nuclear force）を必要

とする.この陽子と中性子間に働く核力の本質は湯川秀樹が推論し,実験的にも検証された**中間子**ではないかと考えられている.

ところで,アインシュタイン(Einstein)は,相対性理論の中で質量 m [kg] とエネルギー E [J] の同等性を次の簡単な式で表した.

$$E=mc^2 \quad (光速\ c=2.9979\times 10^8\ [\text{m/s}]) \tag{2.56}$$

たとえば,核分裂によって $\Delta m=1\,\text{g}=10^{-3}$ [kg] が質量欠損した場合,放出される核エネルギー E_f は,$E_f=10^{-3}\times(2.9979\times 10^8)^2=8.98\times 10^{13}$ [J] $=2.50\times 10^7$ [kWh] ときわめて膨大である.

質量 m_a [amu] の原子 ^A_ZM について,核力によって強く結合している原子核を1つ1つの核子に分解するには,外部よりエネルギーを加える必要がある.逆に,同じ数のばらばらの核子を結合して同じ原子核をつくると,等しいエネルギーが放出される.各原子について比較する場合,この全体の**結合エネルギー** E_B (binding energy) よりも1つの核子あたりに換算した結合エネルギーが意味をもち,質量欠損 Δm [amu] と次の関係で与えられる.

$$\frac{E_B}{A}=\frac{931}{A}\Delta m=\frac{931}{A}(m_p\times Z+m_n\times(A-Z)-m_a)\ [\text{MeV}] \tag{2.57}$$

この核子1個あたりの結合エネルギーと質量数との関係を図 2.46 に示す.核子の結合エネルギーの大きいものはより安定な原子核を意味する.ウラン $^{235}_{92}\text{U}$

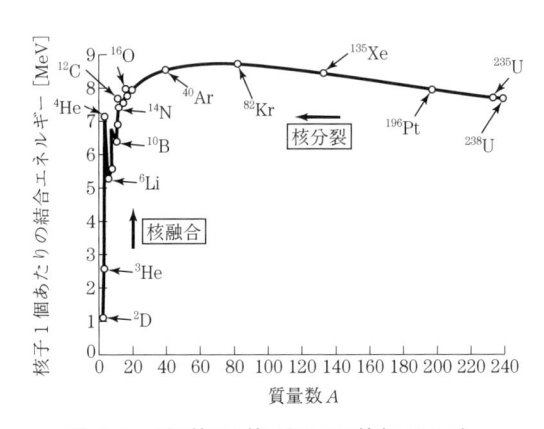

図 2.46 原子核の1核子あたりの結合エネルギー

では核分裂でより質量数の小さい安定な原子が，また重水素 ^2_1D では核融合によって質量数のより大きい安定な原子がつくられる．このとき，核反応前後の核子あたりの結合エネルギー差が核エネルギーとして放出される．

c. 原子核分裂と中性子

一般の商用原子炉で使用するウラン燃料は，核分裂を持続的に行うために天然ウラン $^{235}_{92}U$ の濃度（0.71％）を 2〜4％に高めた**濃縮ウラン**（enriched uranium）である．ウラン濃縮には，$^{235}_{92}U$ と $^{238}_{92}U$ のわずかな質量差を利用した**遠心分離法，ガス拡散法，レーザ法**などがある．今日では，六フッ化ウラン **UF_6 ガス**をその自由行程より小さい細孔を有する隔膜を拡散通過させるガス拡散法が使用され，この濃縮には多量の電力量を要する．

原子爆弾（広島型）で使用された 90％以上の高濃縮ウランに対して，低濃縮ウランを核燃料とする発電用原子炉（**熱中性子炉**）では，$^{238}_{92}U$ の中性子吸収で転換されたプルトニウム $^{239}_{94}Pu$ と最初から存在する $^{235}_{92}U$ が熱中性子との衝突反応で効率よく核分裂する．約 4 年間での核燃料交換時までの出力割合はプルトニウムによるものが約 3 分の 1 で，残りがウランによるものである．

$^{235}_{92}U$ の原子核と熱中性子の核分裂の反応例は，

①の反応：$^{235}_{92}U + ^1_0n \rightarrow [^{236}_{92}U] \rightarrow ^{95}_{42}Mo + ^{139}_{57}La + 2\,^1_0n$

②の反応：$^{235}_{92}U + ^1_0n \rightarrow [^{236}_{92}U] \rightarrow ^{99}_{40}Zr + ^{134}_{52}Te + 3\,^1_0n$

があり，この励起状態の**複合核** $[^{236}_{92}U]$ は γ 線を出して安定核になる場合と核分裂する場合（約 84％の確率）とに分かれる．核分裂の結果，生成された**核分裂生成物**（fission product）は原子核の数が 200 種類以上あり，質量数 95 前後のものと質量数 140 前後のもの 2 つに分かれる．また，1 回の核分裂で放出される高速中性子（0.25〜6 MeV）は平均 2.47 個である．なお，$^{239}_{94}Pu$ の 1 回の核分裂で放出される高速中性子は平均 2.90 個である．

高速中性子（fast neutron）は，核分裂とほぼ同時（約 10^{-14} [s] 以内）に発生する 99％以上を占める**即発中性子**（prompt neutron）と，核分裂生成物の崩壊過程で 0.001〜81 s ほど遅れて発生する 1％以下の割合の**遅発中性子**（delayed neutron）に分類される．この遅発中性子の存在は原子炉内での中性子密度の動的変化を穏やかにし，**原子炉制御**を容易にする役割をもつ．

これらすべての $^{235}_{92}U$ の核分裂反応で，1 回の核分裂あたりに放出される平均

表 2.5 $^{235}_{92}$U の核分裂に伴うエネルギー放出量の内訳

放出エネルギーの種類	エネルギー量 [MeV]
核分裂生成物の運動エネルギー	167
分裂中性子の運動エネルギー	5
即発 γ 線のエネルギー	5
分裂生成物からの β 線のエネルギー	6
分裂生成物からの γ 線のエネルギー	5
中性微子(ニュートリノ)のエネルギー	10
合　計	198

的エネルギーの配分を表 2.5 に示す．大部分を占める質量の大きな核分裂生成物の運動エネルギーとその他のエネルギーは冷却材で熱エネルギーとして回収できるが，炉外に放出される中性微子(**ニュートリノ**)のエネルギーのみは回収できない．

さて，発電用原子炉のもう 1 つの核分裂物質プルトニウム $^{239}_{94}$Pu は $^{238}_{92}$U の熱中性子の吸収で次のような過程で生成される．

$$^{238}_{92}U + ^{1}_{0}n \rightarrow \,^{239}_{92}U \xrightarrow{\beta 線} \,^{239}_{93}Np \xrightarrow{\beta 線} \,^{239}_{94}Pu$$

ここで，β 線(電子)の放出は中性子の陽子への転換を意味する．また，このように生成された核分裂性物質のプルトニウム(多くの $^{239}_{94}$Pu とわずかな $^{241}_{94}$Pu)は，同時に核分裂も起こし減少するが，原子炉の運転が進むにつれてその発生と消滅の量がバランスする．

最終的な使用済み核燃料には，未燃焼の約 1% の $^{235}_{92}$U と新たに生成された約 1% の $^{239}_{94}$Pu の核分裂性物質が残るとともに，放射性の核分裂生成物(**高濃度放射性廃棄物**を含む)も 3% 程度含む．最初に 3% であった $^{235}_{92}$U が 2% 消費され，新たに 1% の核分裂性物質 $^{239}_{94}$Pu が生成されたとすると，その核燃料の**転換率**は 1%/2%＝0.5 となる．

核燃料サイクルシステムでの**再処理工場**はこの未燃焼ウランとプルトニウムを回収するとともに，放射性廃棄物を分離する設備である．

【**例題 2.12**】 次に示す核分裂によって放出される核エネルギー E_{out} を質量欠損から計算するとともに，1 g の重さの $^{235}_{92}$U がすべて核分裂したと仮定した場合の放出エネルギーを発熱量 10000 kcal/l の石油に換算すると何 l になるか．

$$^{235}_{92}\text{U} + ^{1}_{0}n \rightarrow [^{236}_{92}\text{U}] \rightarrow ^{95}_{42}\text{Mo} + ^{139}_{57}\text{La} + 2\,^{1}_{0}n$$

(解) (分裂前の質量)=235.124+1.0086=236.133 amu, (分裂後の質量)=94.945+138.955+2.0172=235.917 amu であるから, 質量欠損 Δm=0.216 amu, E_{out}=931 Δm=931×0.216=201.1 MeV となる.

ここで, その放出エネルギー E_{tot} は, アボガドロ数 N_A=6.022×10^{23} [個/mol] であるから, $E_{\text{tot}} = N_A \times (1/235) \times E_{\text{out}}$=5.15×10^{23} [MeV]=8.25×10^{10} [J]=2.29×10^{4} [kWh]=1.969×10^{7} [kcal] となる. よって, 石油に換算すると約 2000 l に相当する.

d. 中性子と原子核の衝突

1個の原子核 $^{235}_{92}$U が核分裂すると約 2 MeV の平均エネルギーの高速中性子が平均的に ν=2.47 個放出されるが, 吸収された熱中性子1個あたりに換算した場合に放出される高速中性子は図 2.47 に示す捕獲吸収で中性子を失うので, 平均的に η=2.07 個と少なくなる ($^{239}_{94}$Pu の場合:ν=2.91 個, η=2.10 個). 一方, 数 MeV 以上の高速中性子がきわめてわずか $^{238}_{92}$U を核分裂するので, 高速中性子の数はいくぶん増える.

中性子と標的原子核 (標的核) との間の衝突反応は, 図 2.47 に示す弾性と非弾性の**散乱** (scattering) と**吸収** (absorption) とに大別される. 中性子を吸収した複合核は核分裂を起こすか, または核内に中性子を**捕獲** (capture) したままとなる.

このような2つの粒子間の衝突反応を取り扱う場合, 中性子のエネルギー ε に依存したミクロな衝突断面積 $\sigma(\varepsilon)$ でその反応の大きさを評価し, 断面積の単位は 1 [barn:バーン]=10^{-28} [m^2] を用いる. 1 barn の大きさはほぼ標的核の断面積である. ここで, 中性子と標的核の衝突での ε は質量の軽く高速で運動する中性子のエネルギーである.

(a) 弾性散乱 ($\varepsilon_0 \fallingdotseq \varepsilon$)　(b) 非弾性散乱 ($\varepsilon_0 > \varepsilon$)　(c) 吸収

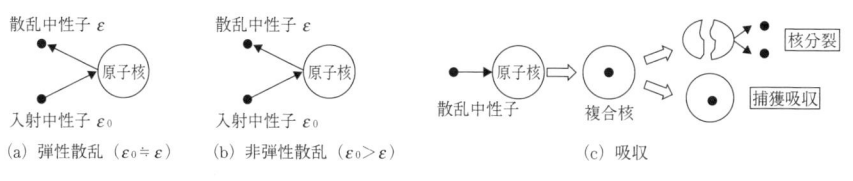

図 2.47 中性子と原子核の衝突・吸収反応

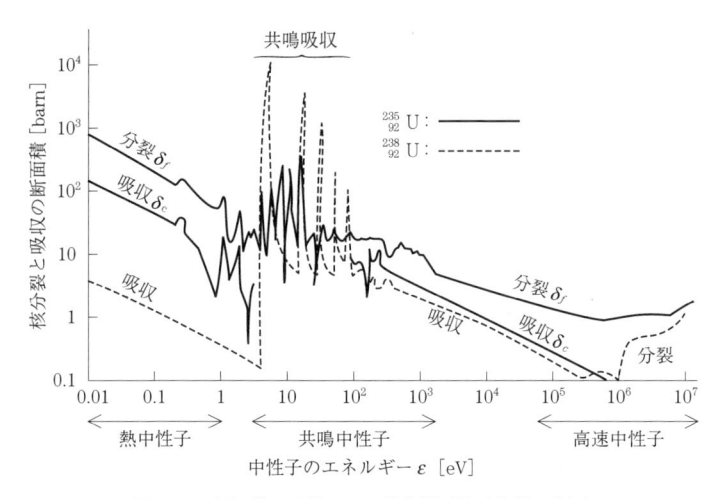

図 2.48　原子核と中性子との衝突断面積（分裂と吸収）

　熱中性子から高速中性子までの広い範囲のエネルギーをもつ中性子が標的核に吸収され場合について，図 2.48 は中性子の核分裂する断面積 σ_f と捕獲される断面積 σ_c がエネルギーに依存することを示す．このことは，中性子の衝突反応には原子炉内の中性子のエネルギー分布（たとえば，マックスウェル-ボルツマン分布）の概念を必要とすることを意味する．図 2.48 を見ると，$^{235}_{92}$U は熱中性子（$\varepsilon=1$ eV 以下）でよく核分裂を起こすが，$^{238}_{92}$U は熱中性子を吸収するのみで核分裂を生じない．中性子のエネルギーが増加し 1〜1000 eV の範囲での**共鳴中性子**は強く共鳴吸収される．これは，**ド・ブロイ波動**（de Broglie wave）として中性子が離散エネルギーで標的核と共鳴的によく衝突することを意味する．さらに高速の中性子（$\varepsilon=10$ keV 以上）についてはきわめて少ないが両標的核とも核分裂を起こす．この高速の中性子の核分裂をおもに利用する原子炉が**高速炉**（fast reactor）と呼ばれる．

【例題 2.13】　10 eV の運動エネルギーをもつ中性子は波長何 m のド・ブロイ波動を与えるか．また，この波長は $^{235}_{92}$U の原子核直径の何倍か．

　（解）　ド・ブロイ波動の波長 λ は中性子の質量 m_N と速度 v，そして**プランク定数** $h=6.626\times10^{-34}$ [J・s] を用いて，次式で与えられる．

2.3 原子力発電

$$\lambda = \frac{h}{m_N \times v}$$

ここで，中性子のエネルギーは $\varepsilon = 10\,\mathrm{eV} = 1.602 \times 10^{-18}$ [J] であるから，速度は

$$v = \sqrt{\frac{2\varepsilon}{m_N}} = 4.37 \times 10^4 \;[\mathrm{m/s}]$$

となる．よって，波長は

$$\lambda = \frac{6.626 \times 10^{-34}}{1.67492 \times 10^{-27} \cdot 4.37 \times 10^4} = 9.05 \times 10^{-12} \;[\mathrm{m}]$$

となる．ところで，$^{235}_{92}\mathrm{U}$ の直径は

$$D = 2R = 2 \times 1.4 \times 10^{-15} A^{1/3} = 2 \times 1.4 \times 10^{-15} \times 235^{1/3} = 1.728 \times 10^{-14} \;[\mathrm{m}]$$

となる．したがって，波長は原子核直径の約 524 倍となる．

e. 中性子の減速

高速中性子から熱中性子への減速は，ほとんど**減速材**（moderator）の中の原子核との弾性散乱で起こる．中性子の減速が効率よく起こるのは，1回の衝突あたりのエネルギー損失割合が大きく，また弾性散乱の衝突頻度が高いときである．

中性子の1回の衝突前後のエネルギーを E_1 と E_2 として，そのエネルギー対数の平均の減少の値（**平均対数減衰率**）は記号 ξ で表すと，次式で与えられる．

$$\xi = \left(\ln \frac{E_1}{E_2}\right)_{av} = 1 + \frac{\alpha}{1-\alpha} \ln \alpha, \quad \alpha = \left(\frac{M_C - m_N}{M_C + m_N}\right)^2 \qquad (2.58)$$

ここで，中性子の質量が m_N，そして衝突原子核の質量が M_C である．この式は，ξ の値が m_N/M_C 比のみに依存し，$m_N = M_C$（最も軽い H 原子核）の場合に最大減速能力の $\xi = 1$ となることを意味する．

ところで，この減速能力は ξ の値のみではなく，また散乱衝突の起こりやすさを与える**マクロな散乱断面積** Σ_s [cm^{-1}] にも依存する．中性子と質量数 A の原子核が減速材の中で，ミクロな散乱断面積 σ_s [cm^2] をもち衝突散乱するとする．減速材の密度が ρ [g/cm^3] で，アボガドロ数を N_A とすると，マクロな散乱断面 Σ_s は次式で表される（アボガドロ数とは，質量数 A に [g] を付けた質量（A [g]）に含まれる元素の個数である）．

$$\Sigma_S = \frac{N_A \rho \sigma_S}{A} = (原子核の数密度) \times (ミクロな散乱断面積) \quad (2.59)$$

よって，減速材の中性子の減速能力は (2.58) 式の ξ と (2.59) 式の Σ_S を掛け合わせた**減速能** (slowing down power) K_b ($= \xi \Sigma_S$ [cm^{-1}]) で評価される．実際に減速材として使用される軽水 (H_2O) 重水 (D_2O)，黒鉛 (グラファイト：C) の減速能はそれぞれ $K_b = 1.53, 0.177, 0.063$ cm^{-1} である．

【例題 2.14】 軽水の減速材に放出された 2 MeV の高速中性子は何回の衝突で 0.025 eV の熱中性子へ減速されるか．また，中性子の走行距離は何 cm となるか．ただし，1 回の衝突によるエネルギー減少の対数の平均値を $\xi = 0.80$ とし，また減速能を $K_b = 1.53$ cm^{-1} とする．

(解) 中性子の初期エネルギー $E_0 = 2 \times 10^6$ [eV]，そして最終エネルギー $E_f = 0.025$ eV であるから，衝突回数は

$$N = \frac{\ln(E_0/E_f)}{\xi} = 22.7$$

で，約 23 回である．また，走行距離 X は，$E_f = E_0 \times \exp(-K_b X)$ を満たすので，$X = \xi N / K_b = 11.8$ cm となる．

2.3.2 原子炉の連鎖反応と放射能

a. 中性子による連鎖反応

おもに熱中性子による核分裂を利用する発電用の熱中性子炉 (原子炉) を持続的に運転するには，n_0 個の熱中性子が核分裂してより多くの高速中性子を発生し，その高速中性子が減速される過程で拡散と吸収による損失を逃れて再び n_0 個の熱中性子へ変換される必要がある．この熱中性子サイクルが繰り返し起こり核分裂することを**連鎖反応** (chain reaction) と呼び，1 回の熱中性子のサイクルが 1 世代または 1 周期である．

図 2.49 は，拡散による中性子損失が無視できる無限に大きい原子炉内での 1 世代の熱中性子サイクルを示す．**熱中性子の増倍率**は $K_\infty = \eta \cdot \varepsilon \cdot P \cdot f$ の 4 種類の係数で与えられ，この関係式を **4 因子公式** (four-factor formula) という．

しかし，有限の大きさの実際の原子炉では，拡散による高速中性子と熱中性

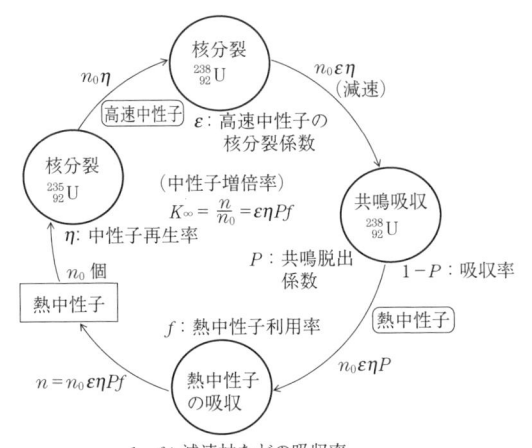

図 2.49　無限大原子炉中での 1 世代の中性子サイクル（4 因子公式）

子の漏れない確率 L_f と L_t を考慮する必要がある．よって，**熱中性子の実効増倍率**は

$$K_\mathrm{eff} = K_\infty L_f L_t = K_\infty \{\exp(-B^2\tau)\} \times \left\{\frac{1}{(D/\Sigma_a)^2 B^2 + 1}\right\} \quad (2.60)$$

となる．ここで，B，D，τ そして Σ_a は原子炉の材料と寸法によって決定される熱中性子に関するバックリング定数，拡散定数，フェルミ年齢，そしてマクロな吸収断面積である．たとえば，減速材である H_2O（軽水）の拡散パラメータは，$D = 0.16$ cm，$\Sigma_a = 1.97 \times 10^{-2}$ [cm^{-1}]，$\tau = 26$ cm^2 である．また，**幾何学的バックリング定数** B_g は，円柱の半径 R [cm] で高さ H [cm] の原子炉圧力容器では，$B_g = (2.405/R)^2 + (\pi/H)^2$ で与えられる．

一定の出力で運転する原子炉は $K_\mathrm{eff} = 1$ の**臨界状態**（critical condition）に制御される．原子炉の運転が進行すると，熱中性子吸収の大きい $^{135}_{54}Xe$（ミクロな吸収断面積：3.5×10^6 [barn]）のような核分裂生成物である**毒物質**（poison）が蓄積され，おもに**熱中性子利用率** f の低下を招く．このことは $K_\mathrm{eff} < 1$ の**臨界未満**を生じ，原子力炉出力の低下を引き起こす．また，核燃料も運転が進行すると消費され減少するので，核燃料は 3〜4 年ごとに定期交換

b. 放射能と半減期

天然にある原子番号 85 以上の元素は不安定な放射性元素（たとえば，空気中のラドン $^{219}_{86}\mathrm{Rn}$ など）であるが，その自然崩壊で放射される α 線（He の原子核の α 粒子），β 線（電子の β 粒子）そして γ 線（$0.01\sim10\,\mathrm{MeV}$ の電磁波または光子）の量がきわめて少ないので生命の危険はない（図 2.45）．この崩壊時に出る放射線の種類によって **α，β そして γ 崩壊**といい，また放射線を発生する性質を**放射能**（radioactivity）という．

運転時の原子炉内では，放射性元素である核分裂生成物が人工的に多量につくられるとともに，各種の崩壊を繰り返して安定核の元素へ遷移する．たとえば，次の**ウラン崩壊系列**は α 崩壊と β 崩壊を繰り返して最終的に安定な元素の鉛（Pb）となる．

$$^{238}_{92}\mathrm{U} \xrightarrow{\alpha\text{崩壊}} {}^{234}_{90}\mathrm{Th} \xrightarrow{\beta\text{崩壊}} {}^{234}_{91}\mathrm{Pa} \xrightarrow{\beta\text{崩壊}} (\text{途中省略}) \xrightarrow{\alpha\text{崩壊}} {}^{206}_{82}\mathrm{Pb}$$

(2.61)

1 回の α 崩壊は正電荷をもつ He の原子核を放出し，原子番号を 2，そして質量数を 4 減らす．一方，β 崩壊は電子の放出で中性子が陽子に変換されるので原子番号が 1 増え，そして質量数は不変である．

(2.61) 式の崩壊系列で，α 崩壊が X 回，β 崩壊が Y 回ほど起こるとすると，次の関係が成立する．

$$238 - 4X = 206, \quad 92 - 2X + Y = 82$$

結果として，α 崩壊が $X=8$ 回，そして β 崩壊が $Y=6$ 回ほど起こり，安定核の元素となることがわかる．

γ 崩壊は，励起状態にある原子核が基底状態へ戻るときその余分な励起エネルギーが電磁波（γ 線）として放射する．また，$^{13}_{7}\mathrm{N}$, $^{71}_{34}\mathrm{Se}$ の原子核のように陽子の数が中性子の数に対して比較的多い場合，正の電荷をもつ**陽電子 β^+**（positron）を放出して崩壊する．この陽電子と負の電荷の電子が結合すると，その質量欠損に相当する γ 線（$0.511\,\mathrm{MeV} \times 2$ 個）がまた放射される．

これらの放射性元素の崩壊による放射能の強さを評価するには，単位時間あたりの崩壊数が意味をもつ．ある時刻 T で個数 $N(t)$ の放射性元素があるとき，短い時間 dt の間に $dN(t)$ 個が崩壊したとすると，次式が成立する．

$$dN(t) = -\lambda N(t)\, dt \tag{2.62}$$

ここで，λは崩壊係数（decay constant）と呼ばれ，単位はs^{-1}である．時刻$t=0$での初期の放射性元素の数を$N(0)=N_0$とすれば，t秒後の個数$N(t)$は次式で与えられる．

$$N(t) = N_0 \exp(-\lambda t) \tag{2.63}$$

この式より，時間経過に伴って放射能の強さは指数関数的に弱くなることがわかる．一般に，放射性元素の時間的崩壊を表す定数として，$N_0/2$の個数に達するに要する時間の**半減期**（half time）$T = \ln(2)/\lambda = 0.6931/\lambda$が使用される．

ところで，原子炉から取り出した使用済み核燃料は多くの核分裂生成物を含み，数秒から数年以上の半減期をもち崩壊を継続する．崩壊に伴う放射線のエネルギーは物質に吸収され**崩壊熱**へ変換される．よって，短寿命の放射性元素を崩壊させ，崩壊熱と放射線の強度を低下させるために，使用済み核燃料は原子炉側で100〜200日間ほど一時貯蔵される．

c. 放射線の単位と安全

放射線量の単位は，①放射性物質の単位時間あたりの崩壊回数すなわち**線源強度**，②そのとき発生した放射線が対象物へ到達する放射線量すなわち**照射線量**，③対象物に放射線が吸収された放射線量すなわち**吸収線量**，④放射線の吸収線量の**生物学的等価線量**である．それぞれの単位は次の通りである．

①線源強度： 1［Ci：キュリー，旧単位］$= 3.70 \times 10^{10}$［個/s］$= 3.70 \times 10^{10}$［Bq：ベクレル，新単位］

②照射線量： 1［r：レントゲン，旧単位］$= 2.58 \times 10^{-4}$［C/kg，新単位］（X線やγ線が標準状態の空気1 cm^{3}中に2.09×10^9個のイオン対を発生する強度）

③吸収線量： 1［rad：ラド，旧単位］$= 0.01$［Gy：グレイ，新単位］$= 0.01$［J/kg］（放射線の種類と吸収する物質の種類に関係なく，1 kgの物質が0.01 Jのエネルギーを吸収する量）

④生物学的等価線量（線量当量）： 1［rem：レム，旧単位］$= 0.01$［Sv：シーベルト，新単位］$= 1$［rad］$\times 1$［RBE］（同じ吸収線量でも放射線の種類によって生物学的効果が異なるので，γ線と電子の効果をRBE$=1$

と基準にとり，**生物学的相対有効度 RBE** を吸収線量に乗じる）

同一吸収線量で比較すると，陽子，α 粒子，高速中性子は RBE＝10 で，熱中性子は RBE＝5 と生物学的効果が相対的に大きく危険である．なお，放射線作業従事者の線量限度は年間 50 mSv 以下と定められている．

米国のスリーマイル島（1979 年：加圧水型軽水炉）とロシアのチェルノブイリ原子力発電所（1986 年：黒鉛減速型軽水炉），そしてわが国の高速増殖炉「もんじゅ」（原型炉：1995 年）の事故は原子力発電の安全性に対する国民への信頼を大きく揺るがした．よって，核燃料製造と輸送，原子炉の運転，使用済み核燃料の輸送と再処理の全過程において，徹底的な核物質と放射性廃棄物の安全管理が必要である．わが国は**国際原子力機関 IAEA**（International Atomic Energy Agency）に加盟し，核査察を定期的に受けるとともに，事故発生の報告を速やかに行う義務を有する．また，わが国は**核拡散防止条約 NPT**（Treaty on the Non-Proliferation of Nuclear Weapons）を批准し，平和利用を目的に独自の濃縮と再処理を許可された国でもある．

【例題 2.15】 質量が 1 g の放射性元素 $^{60}_{27}$Co の線源強度は何 Bq であるか．ただし，この元素は β 崩壊し，その半減期が 5.26 年である．

（解）　毎秒の崩壊数は λN である．崩壊定数は $\lambda=0.693/T=0.693/(5.26\times365\times24\times3600)=4.1777\times10^{-9}$ [s^{-1}] となる．次に，コバルト Co の数は $N=(1/A)\times N_A=(1/60)\times6.022\times10^{23}=1.0036\times10^{22}$ となる．よって，線源強度は $\lambda N=4.19\times10^{13}$ [Bq] である．

2.3.3　原子炉と原子力発電

a. 原子炉の基本構成

わが国では，約 55 基の原子力発電プラントが稼働している（米国 104 基，フランス 59 基，韓国 20 基，2006 年統計；図 2.50）．その原子炉は，熱中性子で $^{235}_{92}$U を核分裂し，減速材と冷却材に軽水（H_2O）を用いる軽水炉で，**沸騰水型軽水炉 BWR，改良型沸騰水型軽水炉 ABWR**，そして**加圧水型軽水炉 PWR** に大別される．一般に，原子炉は核分裂におもに利用する中性子の種類（熱中性子，中速中性子，高速中性子），減速材の種類（軽水，重水（D_2O），黒鉛），そして冷却材の種類｛ガス（炭酸ガス CO_2，ヘリウム He），水（軽

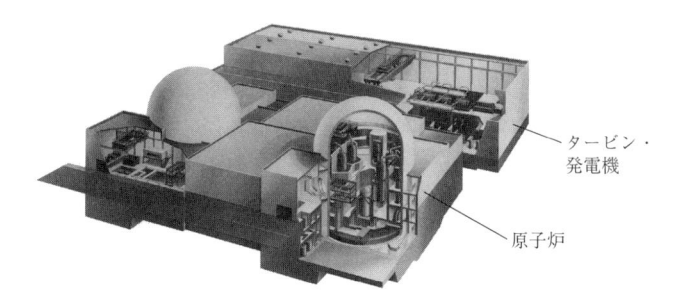

図 2.50 原子力発電所内の概観（提供：三菱重工業（株））

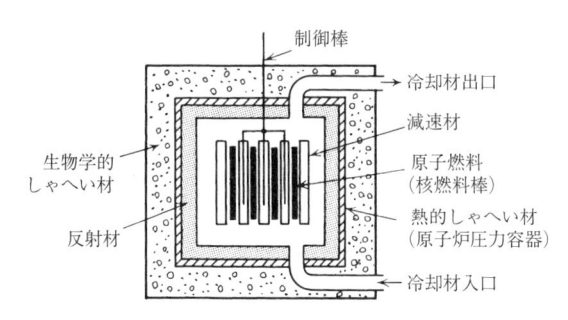

図 2.51 発電用原子炉の基本構成

水，重水），液体金属（ナトリウム Na）｝によって分類される．

発電用の原子炉の基本構成は，核燃料棒，減速材，反射材，制御棒，冷却材とそれらを囲む原子炉圧力容器，そして放射線から従業員を守る生物学的しゃへい材からなる（図 2.51）．ここでは，おもに発電で利用される軽水炉について説明する．

核燃料棒（nuclear fuel rod）は，低濃縮（$^{235}_{92}$U：2〜4％）の UO_2 を焼結したペレット（直径約 8〜12 mm，長さ 10〜14 mm）を，肉厚 0.6〜0.8 mm で長さ約 4 m の中性子を吸収しないジルコニウム合金の被覆管に納めたものである．**燃料集合体**は，軽水と制御棒の案内管をもち燃料棒を BWR では 49 または 63 本，PWR では 204 または 264 本を集合したものである．なお，運転サイクル初期の炉心での余剰な反応度（$R=(K_{eff}-1)/K_{eff}>0$：reactivity）を低下させるために，**可燃性中性子吸収体**のガドリニア Gd_2O_3 がウランペレットに 4〜6 wt％混ぜられる．運転中の反応度は次の理由で変化する．①**燃料の減損**での発生中性子の減少による反応度の低下，②核分裂生成物 $^{135}_{54}$Xe，

$^{149}_{95}$Am の蓄積での**毒作用**の中性子吸収による反応度の低下，③核燃料の温度上昇に伴う**ドプラー効果**で中性子の共鳴吸収の増加による反応度の低下などが負の反応度の要因となる．

減速材（moderator）は，核燃料の核分裂で飛び出した高速中性子を減速して熱中性子にする役目をもち，減速能 $\xi\Sigma_s$ が大きく，吸収断面積 Σ_a の小さいものほど有効である．たとえば，減速材の減速比（$\xi\Sigma_s/\Sigma_a$）は重水，黒鉛，軽水の順に，2100，170，70 と小さくなる．なお，原子炉の温度上昇で減速材の密度が低下して反応度が変化する（温度効果）．

制御棒（control rod）は，炉心での核分裂を制御し，出力を調整する役目をもち，中性子の吸収断面積の大きい材料でつくられる．たとえば，ホウ素（ボロン）$^{10}_{5}$B，カドミウム $^{113}_{48}$Cd，ハフニウム $^{177}_{72}$Hf の中性子吸収断面積はそれぞれ 3800，20000，380 barn である．実際には，制御棒はステンレス鋼細管に B_4O 粉末を充填したものや，ホウ素入りステンレス鋼の合金制御材などで製作される．なお，制御棒による中性子制御に加えて PWR では，一次冷却水（原子炉を循環）にホウ酸（H_3BO_3）を付加し，その濃度で出力の調整を行う．

冷却材（coolant）は，核分裂で発生した熱エネルギーを原子炉外部に取り出す役目をもち，中性子の吸収量が少なく熱伝達率の大きい流体の媒体である．BWR と PWR では軽水が，ガス炉では炭酸ガスまたはヘリウムガスが用いられるが，高速中性子で核分裂する**高速増殖炉**では中性子吸収の少ないナトリウム Na が使用される．

反射材（reflector）は，燃料を設置した**炉心**（core）から逸脱する中性子を反射することで中性子の漏洩を防ぐとともに，炉内の中性子分布を均一化する役目をもつ（図 2.52）．反射を効率的に行う材料は，中性子の散乱断面積が大きいものが選択され，ほぼ冷却材と同じものである．

原子炉圧力容器（reactor pressure vessel）は，先に述べた燃料棒から反射材まで

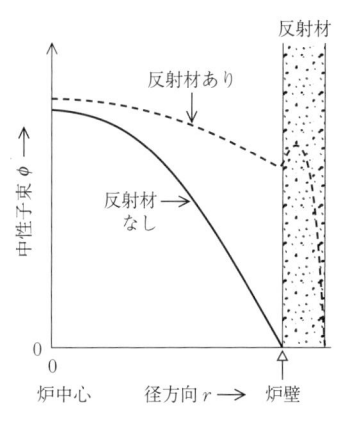

図 2.52　反射材の中性子分布に与える効果

を格納する容器で,熱しゃへい,中性子・放射線の漏洩防止,そして高温高圧の保持を同時に果たす役割をもつ.軽水炉の場合(BWR:7 MPa,550 K,PWR:15 MPa,570 K),胴直径5〜16 m の圧力容器はその炉胴部肉厚100〜300 mm の低合金鋼をステンレス鋼やニッケル基合金で内張して用いる.高速増殖炉では炉内温度が800 K に達するため,オーステナイト系ステンレス鋼が圧力容器の材料として使用される.

生物学的しゃへい材(biological shield)は,原子炉の最外部に置かれ,人体に悪影響を与える炉心より漏れた中性子と放射線(γ線)を吸収する役割をもつ.しゃへい材として,通常では鉄を含む重量コンクリートが用いられるが,必要に応じてカドミウム,ホウ素を付加する.

b. 沸騰水型軽水炉発電

BWR(boiling water reactor)を動力炉とする発電所は,東北電力,東京電力,中部電力,北陸電力そして中国電力が採用している.この発電方式は,図 2.53 に示すように沸騰状態にある飽和蒸気水から汽水分離器で蒸気を分離し,さらに**蒸気乾燥器**を用いて湿分を除去した蒸気でタービンを直接回転し,発電するものである.原子炉から直接取り出した放射能を帯びた主蒸気(6.9 MPa,558 K;火力発電用の蒸気 25 MPa,810 K)が蒸気タービン,復水器,

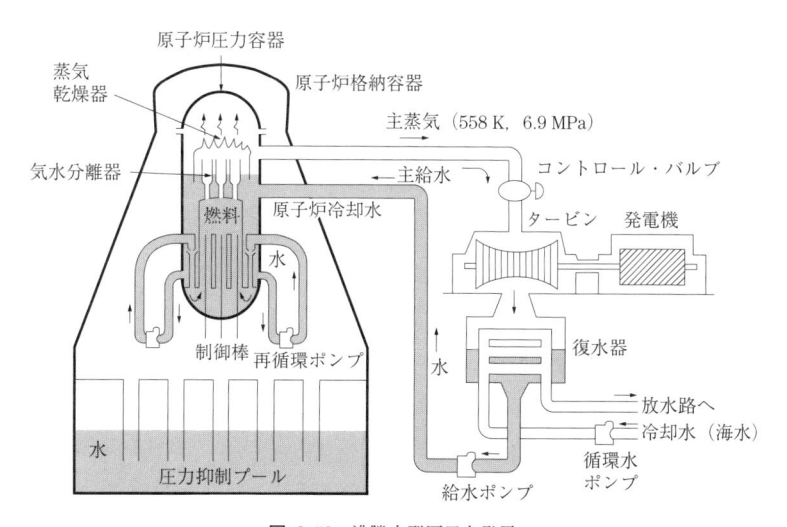

図 2.53 沸騰水型原子力発電

給水ポンプを経て，再び冷却水として原子炉へ循環されるので，この系統はすべて放射線管理区域となる．

出力制御は，原子力圧力容器の下部から操作する制御棒と炉心冷却水の循環水量を調整する炉外に設置した**再循環ポンプ**で行う．約 8 cm/s の速度で上下駆動される制御棒は起動・停止時の遅い出力制御に対応するが，早い出力制御（出力調整範囲の約 30%/分）には炉心の軽水に含まれる気泡（ボイド）の密度とその分布を調整する再循環ポンプが用いられる．原子炉圧力容器内の蒸気圧が低くなると，冷却材（軽水）内のボイド密度が増加し中性子の減速作用が弱くなり出力が低下する．そこで，再循環ポンプを駆動する電動機入力を増加し，炉内の**ジェットポンプ**とで加圧した再循環流量（主給水流量の 2〜3 倍）を増やしてボイド密度を低下させ，出力を回復させる．

原子炉格納容器の最下部の**圧力抑制プール**は，原子炉圧力容器内の蒸気圧力が設計値より 1.1 倍以上大きくなると主蒸気管が破裂するので，それを避けるために安全弁を作動して主蒸気を放出し，その蒸気を水中に放出して凝縮させ蒸気圧力を下げる役割と，非常用炉心冷却系の自動減圧機能をもつ．

1970 年 3 月に営業運転を開始した敦賀 1 号機（出力 357 MW）から 2005 年に開始した浜岡 5 号機（出力 1380 MW）まで，約 30 基の BWR 型発電所が建設された．この間に多くの改良がわが国でなされ，最近では出力 1300 MW 以上の原子力発電所は，この**改良型沸騰水型軽水炉 ABWR**（adanced boiling water reactor）と呼ばれる動力炉をもつ．その改良点は，①原子炉圧力容器内に再循環ポンプを挿入する**インターナルポンプ方式**を採用し，圧力容器寸法のコンパクト化を実現，②制御棒の駆動方式に従来の水圧駆動方式に加え，電動機駆動方式を採用し，反応度補償と始動時間の短縮の運転操作性能を向上，③原子炉建屋と原子炉格納容器を一体化した円筒形鉄製コンクリート原子炉格納容器を採用し，小スペース化と耐震性を向上したものである．

c. 加圧水型軽水炉発電

PWR（pressurized water reactor）を動力炉とする発電所は，北海道電力，関西電力，四国電力そして九州電力が採用している．この発電方式は，図 2.54 に示すように蒸気発生のための放射能を帯びた**一次冷却水系**と蒸気タービンを回転する**二次冷却水系**とが完全に分離される．加圧器で約 15.5 MPa に

2.3 原子力発電

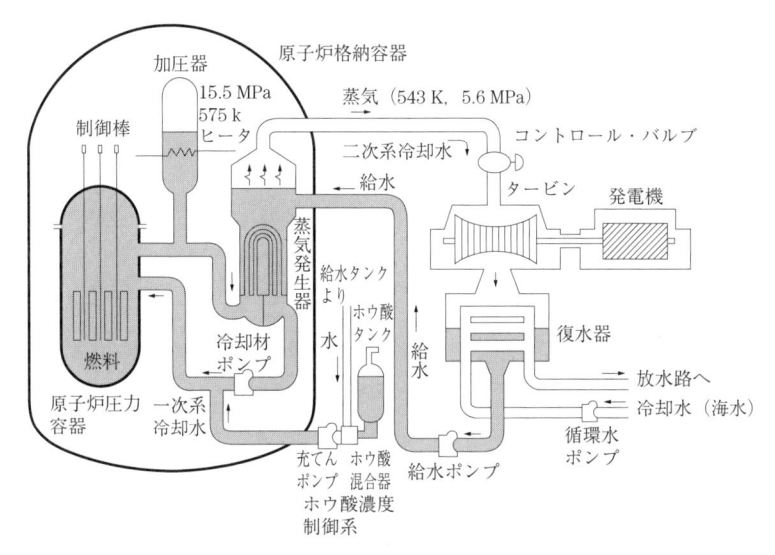

図 2.54 加圧水型原子力発電

　加圧し沸騰しない約 575 K の高温水が原子炉内でつくられ**蒸気発生器**（熱交換器，steam raising unit）へ移送され，その高温水の熱エネルギーで二次冷却水（給水）を加熱にした後，再び原子炉内へ戻される循環が一次冷却水系である．一方，二次冷却水系は，給水を蒸気発生器で飽和蒸気（543 K，5.6 MPa）へ変換し，その蒸気でタービンを回転した後，復水器で蒸気を水に戻し，その水を給水ポンプで蒸気発生器へ再び戻すものである．

　原子炉圧力容器，加圧器，そして蒸気発生器の放射線管理区域が原子炉格納容器に収まっているので，きわめて安全な設備といえる．しかし，PWR 発電では一次冷却水を蒸気発生器で二次冷却水へ熱交換するため，その発電効率は BWR 発電に比べて数%低下する．

　出力制御は，原子炉圧力容器の上部から操作する制御棒と一次冷却水中のホウ素濃度の調整で行う．一次冷却水のホウ素濃度は，外部から供給した純水とホウ酸水との混合と一次冷却水からのホウ酸の除去で調整される．このホウ素濃度の出力制御は運転の初期から末期まで運用され，その濃度は初期の 1000 ppm から末期の 30 ppm まで低下する．一方，制御棒は臨界付近の出力調整を行うとともに，緊急時には自由落下するよう設計されている．

ところで，BWRのものに比べてPWRの原子炉圧力容器は，炉内圧力が高いので容器肉厚が大きくなるが，一方では汽水分離器と蒸気乾燥器をもたないので容器体積を小さくできる．

1970年11月に営業運転を開始した美浜1号機（出力340 MW）から1997年7月営業運転を開始した玄海原子力4号機（出力1180 MW）まで，23基のPWR型発電所が建設された．この間，原子炉，蒸気発生器，タービン，安全設計に多くの改良が加えられ，**改良型加圧水型軽水炉 APWR**（advanced pressurized water reactor）と呼ばれる動力炉をもつ発電所（出力1538 MW）の建設が2011年に計画されている．

この他に，カナダでは天然ウランを燃料とする減速比の大きい重水を減速材とする**重水炉 CANDU**（Canadian deuterium uranium reactor）の発電所が多く建設されている．

2.3.4 将来の原子力発電と核燃料サイクル

a. プルサーマルと将来の原子力発電

これまで，わが国の原子力発電所からの使用済み核燃料の再処理によって回収されたプルトニウムは約43.8 t（国内保管5.9 t，国外保管37.9 t）であるが，さらに未処理の使用済み核燃料に含まれるプルトニウムも推定120 tある（2005年統計）．核兵器の原料となるプルトニウムを多量に保有することは，国家の安全上も好ましくない．

このプルトニウム核燃料をエネルギー資源として有効活用することを目的に開発されたのが**新型転換炉 ATR**（advanced thermal reactor：重水減速型軽水炉，ふげん）と**高速増殖炉 FBR**（fast breeder reactor：減速材を使用せず冷却材に Na 液を使用，もんじゅ）であるが，信頼性の高い実用的な発電に利用する段階にはない．しかしながら，図2.55の**転換率**（親物質の中性子吸収で新しく生成された核分裂物質（プルトニウム燃料）の量を，核分裂で消費された核分裂物質（ウラン燃料）の量で割った値）と，**ウラン燃料利用率**の関係から明らかなように，FBRでは転換率1以上となり投入した核燃料より多い核燃料が新たに生成され増殖する．よって，FBRは$^{238}_{92}U$を親物質として中性子の吸収で核分裂する燃料$^{239}_{94}Pu$を多量に生成し，ウラン燃料利用効率を軽水

炉の 1.0% から約 60% へ上げる最も期待される原子炉である．

これに対して，現在の軽水炉（BWR と PWR）をそのまま使用してウランに再処理したプルトニウムを混ぜた核燃料を用いるのが，**プルサーマル**（plutonium use in thermal reactor）である．この**混合酸化物 MOX**（mixed oxide）**燃料**は UO_2 と PuO_2 を混合して焼結加工したものである．PuO_2 の全燃料（UO_2 ＋PuO_2）に対する混合割合を**富化度**といい，4〜7% 程度である（新型転換炉の富化度は 2〜3%，高速増殖炉の富化度は 20〜30%）．MOX 燃料棒を全燃料棒の 4 分の 1 程度装荷する**プルサーマル発電方式**は，国民の賛意が得られ次第，実施する方向で検討されている．しかし，MOX 燃料はウラン燃料に比べて高価であるため，発電原価の上昇は不可避である．

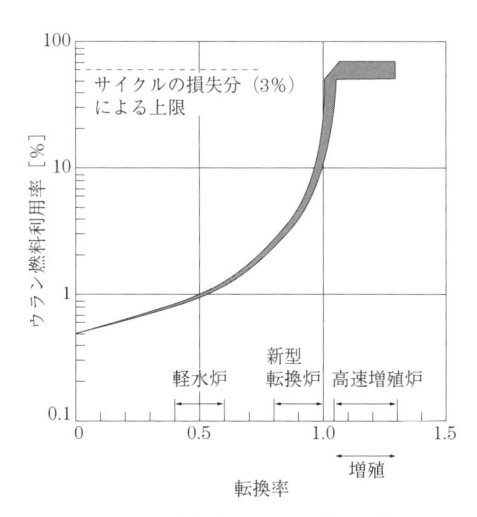

図 2.55 転換率とウラン燃料利用率

【**例題 2.16**】 低濃縮ウラン（2.0%）を燃料とする軽水炉で，そのウランの $A=1\%$ を燃焼させた．そのとき，平均的な転換率 $\eta_{cr}=0.5$ の場合，ウラン燃料の利用率は何% となるか．

（解） ウラン燃料の利用率とは，核分裂しない ^{238}U が中性子を吸収して新しく核分裂する ^{239}Pu の燃料になる割合である．よって，この利用率は，

$$A\eta_{cr}+A\eta_{cr}^2+A\eta_{cr}^3+\cdots=\frac{A\eta_{cr}}{1-\eta_{cr}}=1\%$$

となる．

b. 核燃料サイクルと放射性廃棄物

ウラン鉱物資源はカナダ，米国，オーストラリア，南アフリカに多く分布するが，その製錬に多量の電気を必要とするため，ウランの生産量は豊富な水力発電を利用できるカナダやロシアが高い．図 2.56 に示す**核燃料サイクル**

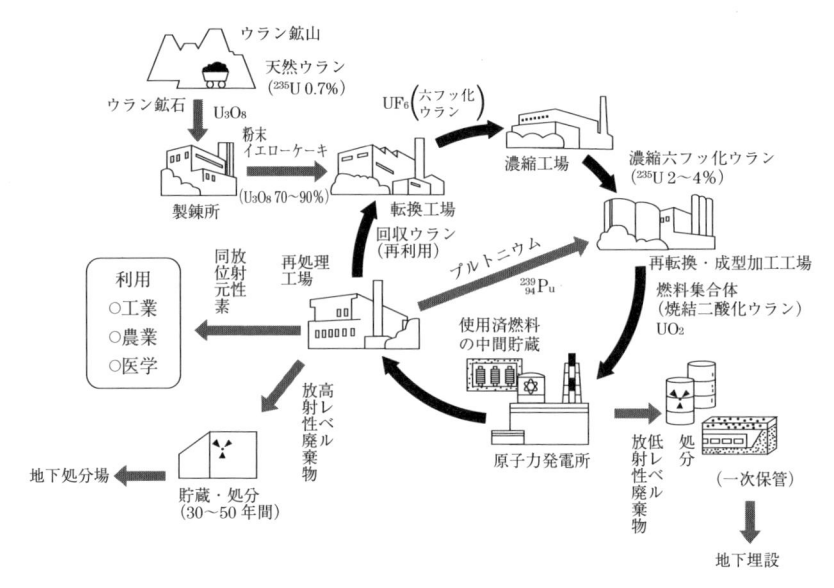

図 2.56 核燃料サイクル

(nuclear fuel cycle) はウラン燃料と MOX 燃料を用いる軽水炉での発電方式のものである．

転換工場は精練されたイエローケーキ YC (U_3O_8) をガスの UF_6 ($^{235}_{92}U$：0.7％) へ転換するとともに，使用済み燃料から回収されたウランを UF_6 に転換する．

濃縮工場は拡散法や遠心分離法で $^{235}_{92}U$ を 2〜4％へ濃縮した UF_6 ガスを製造する．

再転換・成型加工工場はウランとプルトニウムを酸化して固形の UO_2 と PuO_2 へ転換し，それらの焼結した燃料ペレットを作製して，燃料棒と燃料集合体を製作する．

原子力発電所は軽水炉で核燃料を燃焼（核分裂）して高温高圧蒸気を得て，その蒸気でタービンを回転して発電する．使用済みの核燃料は原子力圧力容器から取り出され，発電所内の中間貯蔵プールの水中に約 100 日以上保管される．これは，取り出した使用済み核燃料が崩壊熱で高温であることと，強い放射能を帯びていることによる．なお，使用済み MOX 核燃料は，取り出し直

後の崩壊熱と放射能の両方がウラン核燃料のものより大きい．

使用済み燃料輸送容器（キャスク）は使用済み核燃料集合体を再処理工場へ輸送するための容器で，放射線を漏洩せず，高温に耐え，機械的強度も十分あるものである．

再処理工場は核燃料棒を破砕処理し，燃料として再利用可能なウランとプルトニウムを回収するとともに，高レベルの放射性核分裂生成物すなわち放射性廃棄物を分離する．わが国では，おもにフランスの技術を導入した再処理工場が**青森県六ヶ所村**に建設され，年間で約800tの使用済み核燃料の処理がなされる予定である．

この**高レベル放射性廃棄物**はガラス固体化され，さらに厚いステンレス容器（キャニスタ）に封じられ，30〜50年間ほど中間貯蔵された後，地下約数百mの処分場に永久保管される．一方，回収ウランは転換工場へ，そしてプルトニウムは再転換・成型加工工場へ移送され，燃料リサイクルされる．これに対して，処理費の高価な燃料リサイクルをせずに直接廃棄する使い捨て方式が**ワンススルーサイクル**（once through cycle）である．

低レベル放射性廃棄物は，各工場と発電所から出た気体，液体，固体の低い放射能をもつすべての汚染物質である．最終的には埋設処分されるので，容積をできるだけ小さくするための処理がなされる．

なお，1000 MWの原子力発電所を1年間運転すると，低レベル放射性廃棄物が200 l のドラム缶で約1000本，そしてガラス固化された高レベル放射性廃棄物が約18t排出される．

2.3.5 原子力発電所と安全運転

a. 原子力発電用タービンと発電機

原子力発電用の蒸気タービンは火力発電用の蒸気タービンとほとんど同じである．しかし，原子力用のタービンに使用される飽和蒸気（540〜560 K，5.5〜7.0 MPa）は火力用の過熱蒸気（810〜870 K，17〜25 MPa）より温度と圧力が低く（エンタルピーも小さく），また湿分も含む．よって，同一出力の火力用タービンと比べると原子力用のものは大型になるとともに，回転速度が低くなる．特に，低圧タービンの回転子は直径と重量が大きくなる．また，

高圧・低圧タービンの各段で断熱膨張後の蒸気から湿分除去を行う必要がある．なお，一般に高出力の原子力用のタービンは高圧，中圧，低圧タービンの軸が同一軸の**タンデムコンパウンド型**である．

原子力発電用発電機は，火力用発電機の回転速度の約半分の速度で，1800（60 Hz）または 1500（50 Hz）rpm の回転速度をもつ 4 極の非突極型同期発電機である．発電機の定格は力率 0.9，短絡比 $K_s=0.58$〜0.64，電圧 17〜25 kV で，発電効率は 33〜35％の範囲にある．

b. 安全運転と保守

原子炉およびその付属設備は 1 年ごとに，蒸気タービンは 2 年ごとに定期検査を受けることが法令で義務づけられている．この定期検査は 70〜90 日を要するが，設備利用率を上げるためにこの日数を短縮する試みがなされている．

原子炉の中性子束，水位，圧力に異常が発生した場合，原子炉核反応を緊急に停止する．この**緊急停止（スクラム）**は全制御棒を緊急挿入することで行う．なお，誤動作した場合に不要なスクラムを起こさない高い信頼性の得られる **1 out of 2 twice** の論理構成とするとともに，**フェイルセイフ**（fail safe）方式を導入する．

さらに，崩壊熱を除去し温度上昇を防ぐために，原子炉を冷却する**非常用炉心冷却設備 ECCS**（emergency core cooling system）を作動する．これはホウ酸水を含む冷却水の注入である．また，万一の事故で放射能が原子炉から放出された場合，原子炉格納施設内で放射能を封じ込めるようになっている（工学的安全施設）．

演 習 問 題

2.1 図は，水圧管内の圧力 P [Pa] と流速 v [m/s] を計測するためのピトー管 (Pitot tube) を示す．水圧管断面積 S [m²] で，流量 Q [m³/s] の場合の h_p [m] と h_t [m] を計測し，圧力と流速を求める関係式を導出せよ．

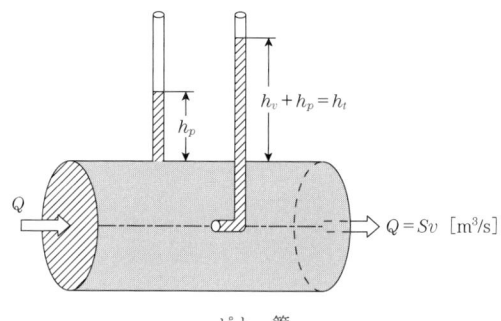

ピトー管

2.2 流域面積 200 km²，1 年間の総降水量 1800 mm の水力開発地点がある．流出係数を 70％とし渇水量を年平均流量の 1/3 とすれば，渇水量はいくらか．

2.3 勾配 1/1000，こう長 2 km の開きょの導水路をもつ水力発電所がある．取水口と放水口の高低差 150 m，水圧管と放水路を合わせた損失落差 3 m，最大使用流量 40 m³/s，水車と発電機の総合効率 84％，発電所の年負荷率 65％のとき，この発電所の最大出力と年間発電電力量を求めよ．

2.4 60 Hz，50000 kW の水力発電機が 60 Hz の電力系統に接続して運転している．この系統周波数が急に 60.4 Hz へ上昇したときの発電機出力は何 kW か．ただし，水車の速度調定率は 4％である．

2.5 同一定格の 2 台の三相同期発電機（A 機と B 機）を並行運転し，負荷電流 1000 A，遅れ力率 0.8 の負荷へ電力を供給している．いま A 機の励磁電流を増加した場合，A 機の電流が 600 A となった．負荷が変化しないとして，両機の力率はいくらとなるか．

2.6 P-V 線図の臨界点で，1 kmol の水蒸気の臨界体積 V_c が 0.0561 m³ である．この蒸気の密度 ρ_c は何 kg/m³ となるか．

2.7 100℃で，1 気圧の飽和水蒸気 1 kg が 0℃の水になるときのエントロピーの変化を求めよ．ただし，蒸発熱 Q は 2.258×10^6 [J/kg]，定圧比熱 C_P は 4.186×10^3 [J/(kg・K)] である．

2.8 次ページの図に示す再熱サイクルと，ランキンサイクルの理論熱効率を求めよ．ただし，各点のエンタルピーは次のように与えられ，また復水温度は 26℃

である．$h_3=814$ kcal/kg, $h_4=714$ kcal/kg, $h_5=468$ kcal/kg, $h_6=845$ kcal/kg, $h_7=525$ kcal/kg

2.9 最大出力10 MW, 平均の負荷率50%で運転する汽力発電所がある．1日の石炭の消費量が100 t で，その石炭の発熱量が6000 kcal/kg である．この発電端の熱効率と燃料消費率はいくらか．

2.10 60 Hz で，2極，250000 kW の蒸気タービン発電機が過速度トリップする回転数はいくらか．

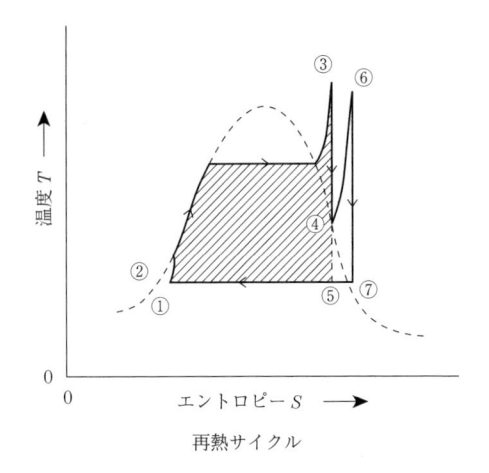

2.11 天然資源の親物質であるトリウム $^{232}_{90}$Th は1個の中性子を吸収した後，何回の β 崩壊を経て，熱中性子で核分裂する $^{233}_{92}$U へ変換されるか．

2.12 運転中の原子炉で反応度を下げる要因を3つあげよ．

2.13 BWR と PWR の原子炉の出力制御のおもな相違について述べよ．

2.14 火力発電と原子力発電で使用される蒸気タービンと発電機のおもな相違を述べよ．

2.15 PWR 原子炉の熱中性子束が 4.6×10^{17} [個/m²·s] であるとき，熱中性子による $^{235}_{92}$U のミクロな核分裂断面積を582 barn とすると，数密度 N_U [個/m³] の $^{235}_{92}$U は単位体積，単位時間あたり何回の核分裂を起こすか．また，初期核燃料の1/3の量まで連続運転すると，何時間運転できるか．

3. 新しい発電方式

 第1章でも述べたように,わが国で消費される電気エネルギーの約60%は火力発電によって発生されている.しかしながら,火力発電の一次エネルギー源である化石燃料は今後100年以内に枯渇することが懸念されており,さらにCO_2排出による地球温暖化を抑制する観点からもこれに変わる新しい発電方式の実用化が必要である.電気エネルギーの約30%を発生している原子力発電は,CO_2排出量は少ないものの可採年数は石油や天然ガスと同様に100年以下であり,現状のまま継続していくことは困難である.発電技術の研究開発および実用化には数十年単位の時間を要することも珍しくなく,各所で火力発電や原子力発電に代わる新しい発電方式の研究開発と実用化への取り組みが鋭意行われている.本章では,これらの中で特に注目を集めている,太陽光発電,風力発電,燃料電池,高速増殖炉,核融合発電について説明する.なお,電気エネルギーの有効利用の観点からは,発電技術だけでなく電力貯蔵技術も重要性を増しており,これについては第4章で述べる.

3.1 再生可能エネルギー

 化石燃料の枯渇と環境問題への配慮から循環エネルギーである再生可能エネルギー(自然エネルギー)に注目が集まっている.本節では,これら自然エネルギーを一次エネルギーとする発電方式のうち,最も実用化が進んでいる太陽光発電と風力発電について述べる.

3.1.1 太陽光発電(solar power generation)
 図3.1に示すように,太陽光発電には太陽光のもつ光エネルギー(1.3.1項

参照）を**太陽電池**（solar cell）によって直接電気エネルギーに変換する方式と，光エネルギーをいったん熱エネルギーに変換して水蒸気を発生させ，熱サイクルによってタービンと発電機を回転させて電気エネルギーを発生させる方法の2種類がある．特に，太陽電池は直接発電方式であり，タービンなどの機械装置を必要としないことから設置場所を選ばないなどの長所があり，太陽光発電の主流となっている．本書でも以下では「太陽光発電＝太陽電池発電」とする．

太陽光発電の基本構成は図3.1 (a) に示したように，太陽電池の他にインバータと変圧器から構成される．後述するように，太陽電池の出力は直流であるため，既存の交流商用電源と組み合わせて使用するためには，インバータによって交流に変換し，さらに変圧器によって負荷の定格電圧まで昇圧する必要がある．わが国で普及している一般住宅用の太陽光発電システムは，既存の電

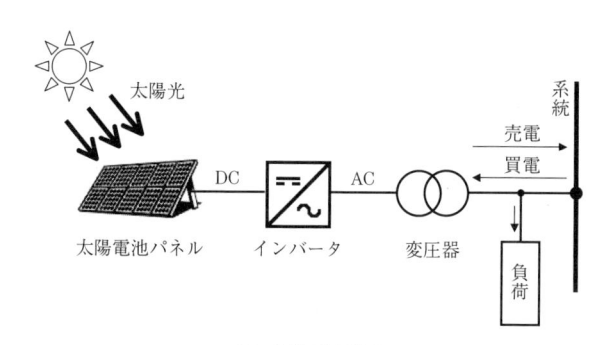

(a) 太陽電池発電

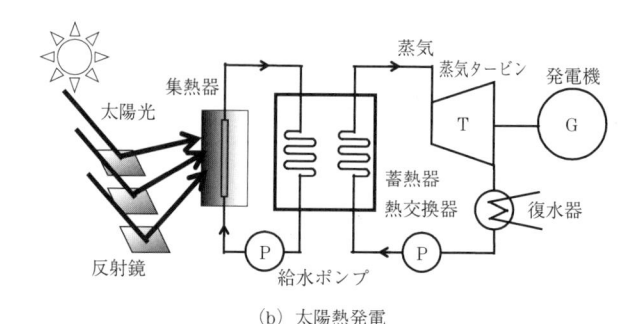

(b) 太陽熱発電

図 3.1　太陽光発電の分類

表 3.1 太陽電池の分類と比較

分類	シリコン			化合物系	色素増感（湿式）
	単結晶	多結晶	アモルファス	GaAs, CdS など	TiO$_2$＋有機色素
実用効率	15%	10%	6〜8%	GaAs で 25%以上	10%以下
価格	高	中	低	高	低
信頼性・寿命	良	良	数年で劣化	高	低
その他	製造プロセスでのエネルギー消費が大きい		大面積化が可能	宇宙用などの特殊用途	低コストでフレキシブル

力会社の配電系統と連系されている．これにより，夜間や天候不良時の不足電力を既存系統から受電し，逆に余剰が生じた場合には既存系統へ送電し（逆潮流），これを電力会社が買い取る仕組みになっている．

太陽電池は pn 接合を基本とする半導体デバイスの一種であり，素材や製造法によって数種類のものが存在する．現在の主流は，シリコン（Si）を原料とするシリコン太陽電池であり，表 3.1 のように分類される．光エネルギーから電気エネルギーの理論変換効率（発電効率）は多結晶シリコンで 13%程度である．効率向上，長寿命化，コストダウンを目指して，現在も活発な研究開発が行われている．シリコン系以外にも，化合物系太陽電池（GaAs，CdS など）や色素増感（湿式）太陽電池などがある．

図 3.2 は，単結晶シリコン太陽電池の構造を模式的に表したものである．厚さ 0.3 mm 程度の p 型シリコン基板の表面に不純物をドープし，厚さ 0.5 μm 程度の n 型領域を形成して pn 接合を面状に形成する．それぞれの半導体には出力を取り出すための電極が蒸

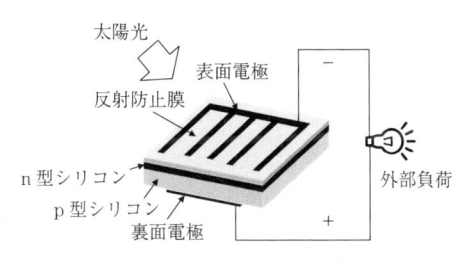

図 3.2 単結晶シリコン太陽電池の構造

着され，光を照射する表側（n 型半導体）の電極は光の入射を妨げないよう格子状となっている．図 3.3 に pn 接合部のエネルギーバンドを示す．量子力学的には光は光子（photon）の流れであり，波長 λ [m]，振動数 ν [s^{-1}] の光子 1 個がもつエネルギー W_P [J] は次式で与えられる．

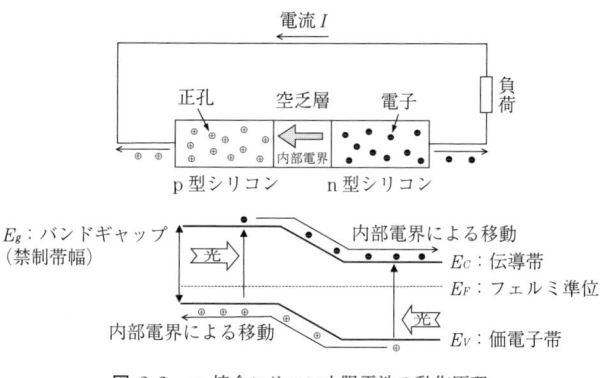

図 3.3 pn接合シリコン太陽電池の動作原理

$$W_P = h\nu = h\frac{C_0}{\lambda} \tag{3.1}$$

ただし，h はプランク定数（6.63×10^{-34} [J・s]），C_0 は光速（3.0×10^8 [m/s]）である．エネルギー W_P が pn 接合のバンドギャップ E_g より大きくなるような波長の光を太陽電池に照射すると，**光起電力効果**（photovoltaic effect）により p 型，n 型半導体の内部でそれぞれ正孔，電子が形成される．太陽電池に負荷を接続すると，pn 接合部（空乏層）の内部電界によって正孔と電子は外部回路を逆方向に移動し電流 I が流れ，負荷両端に電圧 V が発生する．

【例題 3.1】 シリコン太陽電池に用いられるシリコンのバンドギャップは約 1.1 eV である．シリコン太陽電池で発電を行うのに必要な光の波長条件を求め，太陽光の波長分布との関係を調べよ．

（解）(3.1) 式より，$E_g = 1.1\,\text{eV} = 1.76\times10^{-19}$ [J] のエネルギーギャップの半導体で光起電力効果を得るための波長 λ は，$E_g \leq W_P$ の条件より，

$$E_g \leq h\frac{C_0}{\lambda}$$

であるから，

$$\lambda \leq h\frac{C_0}{E_g} = \frac{6.6\times10^{-34}\times3\times10^8}{1.76\times10^{-19}} = 1.1\times10^{-6}\,\text{[m]} = 1.1\,\mu\text{m}$$

となり，波長は $1.1\,\mu\text{m}$ 以下である必要がある．したがって，シリコン太陽電

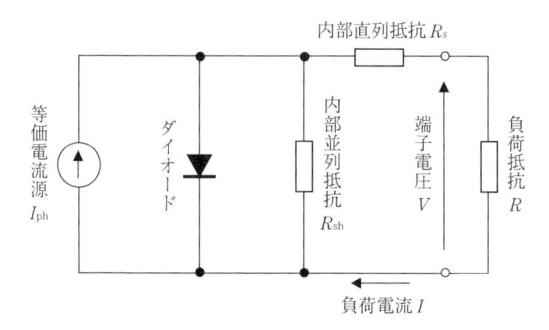

図 3.4 負荷を接続した太陽電池の等価回路

池は，太陽光のエネルギーの 90%が分布する赤外波長域（波長 0.7～1000 μm）と可視光域（波長 0.4～0.7 μm）の光で発電可能である（1.3.1 項参照）．

抵抗性負荷抵抗 R を接続した太陽電池の等価回路は図 3.4 のように表すことができる．直列抵抗 R_s は太陽電池の内部抵抗，並列抵抗 R_{sh} は pn 接合界面の不整合による漏れ電流に起因する表面抵抗を表す．太陽電池の出力電流 I_{ph} の一部は，並列抵抗 R_{sh} および pn 接合が形成する並列ダイオードに分流するため，負荷電流 I は I_{ph} より小さくなる．負荷抵抗 R の値を変化させると図 3.5 のような V-I 特性が得られる．負荷端を開放したとき（$I=0$）の電圧を開放電圧 V_0，短絡したとき（$V=0$）の電流を短絡電流 I_{sh} と呼び，これらはできるだけ大きいことが望ましい．太陽電池の出力は，電圧 V と電流 I の積で与えられるから，図中の長方形の面積が最大になるように負荷を調整する必要がある．通常，太陽光発電用のシステムでは，**最大電力点追従装置**（maximum power point tracker, MPPT）を用いて，日射量や負荷にかかわらず常に最大出力が得られるように太陽電池側からみた負荷を最適に保つように制御される．

図 3.6 は，わが国における太陽光発電の導入実績の推移である．公的補助金による助成などが功を奏し，2003 年度末で導入

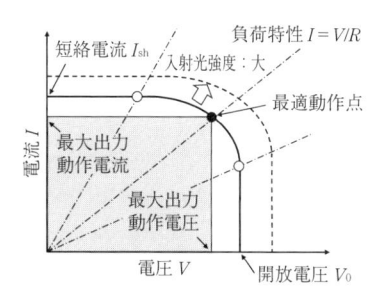

図 3.5 太陽電池の V-I 特性

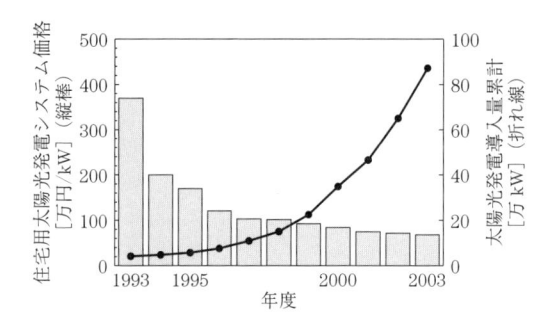

図 3.6 太陽光発電の日本国内導入量とシステム価格の推移

量は 86 万 kW に達し，全世界の太陽光発電の約半分はわが国で行われている．導入量の増加による大量生産効果で単位出力あたりのシステム価格も低下し，一般家庭用の 3 kW システムで約 200 万円程度である．

【例題 3.2】 太陽光エネルギーのエネルギー密度 w_P が 1000 W/m² であるとき，出力 $P=3$ [kW] の家庭用太陽電池パネルの面積 A [m²] を求めよ．ただし，太陽電池の発電効率 η を 15％とする．

（解） 題意より

$$Aw_P \frac{\eta}{100} = P \times 10^3$$

であるから

$$A = \frac{3000}{1000} \times \frac{100}{15} = 20 \text{ m}^2$$

となる．よって，一般の一戸建て家屋の屋根に十分設置可能な面積である．

3.1.2 風力発電（wind power generation）

1.3.1 項でも述べたように，風力エネルギーの実態は風（移動する空気）のもつ運動エネルギーであり，これを**風車**（windmill, wind turbine）によって回転運動エネルギーに変換し，さらに風車に直結した発電機によって電気エネルギーに変換するのが風力発電の基本原理である．風力発電の黎明期（1980年代）においては，風車（風力発電機）の単機容量は，100～500 kW クラスが主流であったが，その後は年々大容量化が進み，2000 年以降は 1500～2000

図 3.7 風力ファームの例(米国ニューメキシコ州のサンファンメサ風力ファーム(120 MW,120 基)(提供:三菱重工業(株))

kW クラスの大型風車が実用化されている.図 3.7 に示すように,風況のよい場所にまとめて設置された風車の集合体を**風力ファーム**(wind farm)と呼ぶ.設置台数を増やすことで,発電容量の増大だけでなく,個々の風車への風の流入タイミングの差が補完され,ファーム全体での出力平滑化効果も期待できる.大規模風力ファームの例として,海外では米国カリフォルニア州のアルタモント・パス風力ファーム(550 MW,約 5000 基),図 3.7 に示す米国ニューメキシコ州のサンファンメサ風力ファーム(120 MW,120 基),デンマークのホーンスレウ沖の洋上風力ファーム(160 MW,80 基),わが国では北海道の宗谷岬風力ファーム(57 MW,57 基)などがある.

　風車にはさまざまな種類があるが,1000 kW クラス以上の大型風車では,図 3.8 に示す横軸型プロペラ風車が主流となっており,ローター(回転体),ナセル(動力室),タワー(鉄塔)から構成される.(1.13)式から明らかなように,風車出力はローターが描く円の面積に比例するので,単機容量の上昇はローターの大型化によって実現される.1000 kW クラス風車の場合,ローターの直径は約 60 m に達し,大型ジェット旅客機の全幅と同程度である.このように,風力ファーム用の風車はますます大型化する傾向にあるが,市街地や一般家庭への設置可能なマイクロ風車(直径 1 m 以下,出力 1 kW 以下)の

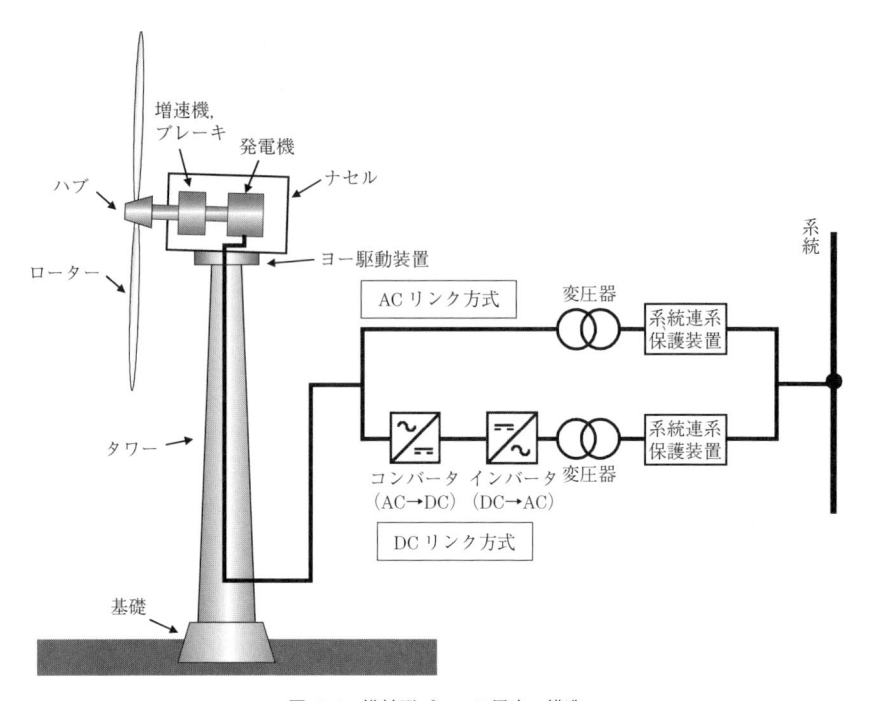

図 3.8 横軸型プロペラ風車の構造

開発も進められている．マイクロ風車では，ローターと発電機の軸が直結されるため回転速度が速く，騒音と振動の抑制が今後解決すべき技術的課題である．

(1.13) 式で表される単位時間あたりの風力エネルギー P_W [W] と風車の得る回転エネルギー P_T [W] との間には次式の関係が成り立つ．

$$P_T = C_P P_W = \frac{1}{2} C_P \rho A v^3 \qquad (3.2)$$

ここで，C_P は風力エネルギーから風車の回転エネルギーへの変換効率を表す係数で，これを**風車の出力係数**という．図 3.9 に示すように，C_P の値は風車の種類や周速比 K に依存し，その理論的最大値は約 0.6 である．ここで，周速比 K は次式で定義される．

3.1 再生可能エネルギー

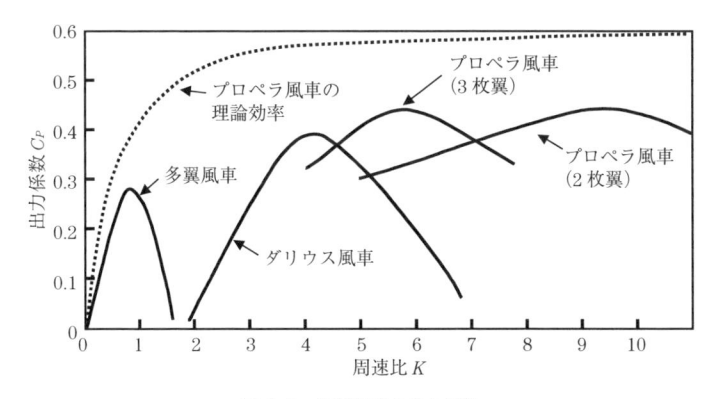

図 3.9 各種風車の出力係数

$$K = \frac{\text{ローターの周速}}{\text{風速}} = \frac{\omega R}{v} \tag{3.3}$$

ただし，R [m] はローターの半径，ω [rad/s] はローターの回転角速度である．現在，大型機の主流となっている 3 枚ブレードのプロペラ風車は，広い範囲の風速に対して出力係数が大きく，かつその変動も少ない．

【例題 3.3】 出力 $P = 2000$ kW の風力発電に必要な風車のローター直径を求めよ．ただし，風車の出力係数 $C_P = 0.5$，風速 $v = 12$ m/s，空気密度 $\rho = 1.2$ kg/m³，発電機の効率 $\eta = 90\%$ とする．

（解） (3.2) 式より

$$P = P_T \times \frac{\eta}{100} = \frac{1}{2} C_P \rho A v^3 \times \frac{\eta}{100}$$

であるから，ローター直径を D [m] とすると，

$$2 \times 10^6 = \frac{1}{2} \times 0.5 \times 1.2 \times \pi \left(\frac{D}{2}\right)^2 \times 12^3 \times \frac{90}{100} \quad \therefore D \cong 74 \text{ m}$$

となる．

ローターは，通常 3 枚のブレード（翼）からなり，ブレードの取り付け角度をピッチ角と呼び，風車の出力制御を行うために可変式になっているタイプもある．ローターを回転させて発電を開始できる最低風速をカットイン風速，安全のため強風下でローター回転を強制的に停止させる最高風速をカットアウト風速と呼び，それぞれ 3～5 m/s，24～25 m/s 程度である．定格出力を発生で

きる最低風速を定格風速と呼び，一般に13〜16 m/s 程度である．大部分のローターは回転速度が一定の定回転式（通常20〜45 rpm）であるが，風速に応じて可変速式になっているタイプもある．ナセルは風向に応じて360°水平回転できるようになっており，最大出力を得る際にはローター回転面が風向に垂直となるように制御する（ヨー駆動制御）．ナセル内部には，変速機，発電機，ブレーキなどすべての機械装置が設置されている．

発電機には誘導発電機あるいは同期発電機が用いられる．誘導発電機は，構造が簡単で低コストであるため，従来の風力発電所では主流であったが，風車出力の変動によって出力電圧が変動する問題があった．そこで近年では，コストは高くなるが，電圧制御が可能な同期発電機の使用例が増加している．風力発電機を既存の電力系統に接続（連系）する方法には，図3.8に示したACリンク方式とDCリンク方式の2種類がある．ACリンク方式では，基本的には交流発電機出力を変圧器のみを介して既存の系統に連系する．同方式では，系統周波数 f [Hz] と発電機の回転速度 N [rpm]，極数 P との間には以下の関係がある．

$$N = \frac{120 f}{P} \qquad (3.4)$$

通常，$P=4$ または8であるので，$f=50$ Hz の場合，$N=1500$ または750 rpm となり，ローターの回転速度（20〜45 rpm）よりかなり早い回転速度が必要となるため，歯車を用いた増速機が必要となる．また，回転数一定の運転では風速によって周速比が変化するため，出力係数を一定に保つことが困難となる．これに対しDCリンク方式では，交流発電機出力をいったん直流に変換した後に系統と同じ周波数の交流に逆変換して連系するため，ローターの回転数を系統周波数とは無関係に選定できる．その結果，幅広い風速に対し，常に最大の出力係数が得られるようにローターの回転速度を制御することができる．したがって，低風速条件でも風力発電を行うことが可能となり，年間の発電電力量の増大と，起動・停止回数の低減による連系系統への影響抑制が可能となる．

わが国における風力発電導入量の推移を図3.10に示す．2000年以降急激な伸びを示しているものの，2004年における導入量は約68万kWであり，電力

全体に占める割合はわずか0.3%に過ぎない．その理由として，国土が狭いため大規模な風力ファームの建設に限界があることや，高い建設費や低い稼働率のために他の発電方式に比べて電力コストが割高であることなどがあげられる．これに対し，風力発電の先進

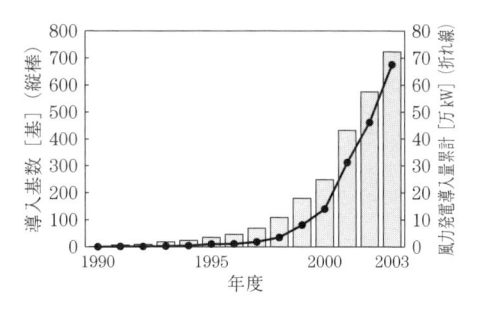

図 3.10 わが国における風力発電導入の推移

国であるドイツでは，2003年の風力発電導入量は全電力の4%（1461万kW）に達しており，2030年までにこれを15%にまで引き上げる計画である．また，デンマークでは北海洋上に大規模な風力ファームを建設し，風力発電導入量は全電力の19%（2005年）を賄うまでに増加している．

3.2 燃料電池

3.2.1 動作原理

燃料電池（fuel cell）とは，燃料物質とそれを酸化する酸化剤を連続供給し，両者間の電気化学反応によって電力を連続的に発生する装置の総称である．したがって，「電池」とはいっても，最初から装填された反応物質の分しか電力を発生できない乾電池や蓄電池などとは動作原理が異なる点に注意が必要である．図 3.11 は，燃料電池の基本構成を示したものであり，2つの電極（アノード，カソード）と電解質から構成される．現在開発が進められている燃料電池のほとんどは，燃料として水素ガスを，酸化剤として酸素ガス（空気）を用いる．この場合，燃料電池による電気エネルギー発生の原理は以下のように説明される．カソード（燃料極）には燃料である水素ガスが供給され，以下の反応により水素イオンと電子を生成する．

$$H_2 \rightarrow 2H^+ + 2e^- \tag{3.5}$$

後述するリン酸型のように運転温度が低い燃料電池では，水素イオンの生成に白金などの高価な触媒金属を用いる必要がある．この場合，燃料極をハニカム構造にしたりカーボンナノチューブなどで表面を被覆することで，触媒担持量と反応面積を増やす工夫がされている．水素イオンはカソードと電解質を通っ

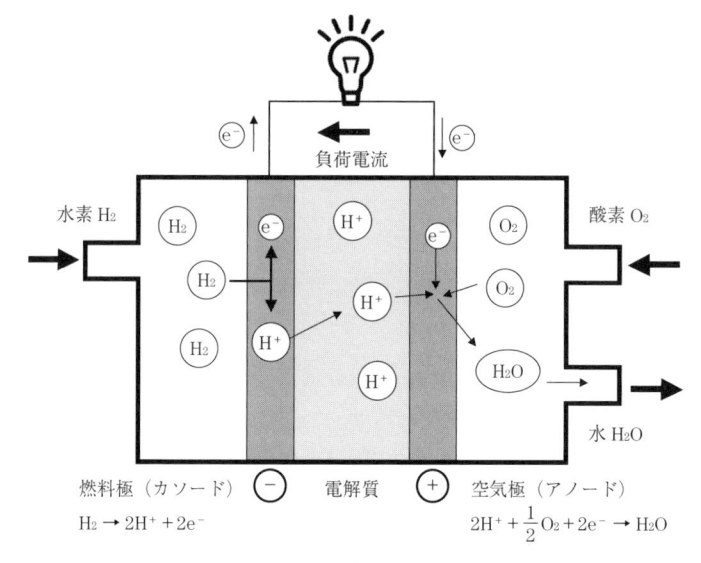

図 3.11 燃料電池の構造と原理

て対向するアノード（空気極）に到達する．これと同時に電子はアノードとカソードをつなぐ外部回路（導線）を経由してアノードに達する．よって，アノードに酸化剤である酸素ガスを供給すると，以下の反応が起こる．

$$\frac{1}{2}O_2 + 2H^+ + 2e^- \rightarrow H_2O \tag{3.6}$$

したがって，燃料電池全体では水素と酸素が反応して水が生成される．

$$H_2 + \frac{1}{2}O_2 \rightarrow H_2O + \Delta G \tag{3.7}$$

この反応は，水の電気分解の逆向きの反応であり，外部に取り出すことができる電気エネルギーは，ギブス（Gibbs）の自由エネルギーの変化分 ΔG に等しくなる．一方，水素と酸素を直接反応させて水を生成するときに外部に放出される反応エネルギー（水素の燃焼によって発生する熱エネルギー）は，そのときのエンタルピー変化 ΔH に等しく，ΔG とは以下の関係がある．

$$\Delta H = \Delta G + T\Delta S \tag{3.8}$$

ただし，T は温度，ΔS は反応に伴うエントロピー変化である．したがって，燃料電池の反応効率（電気エネルギーへの変換効率）は，

$$\eta = \frac{\Delta G}{\Delta H} \times 100\ \%\tag{3.9}$$

で表され，$T\Delta S$ は熱エネルギー損失となる．燃料電池のように電子とイオン間の電荷の授受により反応が進む電気化学反応において，ΔG はネルンスト（Nernst）の式より次式で与えられる．

$$\Delta G = -nFE_0 \tag{3.10}$$

ただし，n は反応にかかわる電子数，F はファラデー定数（$F=e$（素電荷，1.602×10^{-19} [C]）$\times N_A$（アボガドロ数，6.022×10^{23}）＝96.5 kC/mol），E_0 は電池起電力である．水素を燃料とする燃料電池では，$n=2$，$E_0=1.23$ V であるから，$\Delta G=237$ kJ/mol となる．また，温度 298 K において $\Delta H=286$ kJ/mol であるから，(3.9) 式より理論上の効率は約 83% となる．

このように，燃料電池は燃料のもつ化学エネルギーを電気化学反応によって直接電気エネルギーに変換することができるため，熱サイクルや発電機を用いた従来の火力発電などよりも格段に優れた電気エネルギー変換効率を有する．さらに，(3.7) 式が示すように，発電時の反応生成物は水だけであり，地球温暖化の原因となる CO_2 やその他の環境汚染物質の排出がまったくないきわめてクリーンな発電方式として注目されている．電気エネルギーは，カソードからアノードへの電子移動に伴い，アノードとカソードの間に接続した負荷に電流が流れることで得られる．太陽電池と同様に直流出力であるので，既存の商用電源との接続はインバータを介して行う．

3.2.2 種類と特徴

高効率かつクリーンな燃料電池は，電力分野だけでなくモータを動力する移動体（電気自動車）の電源としても注目を集めている（燃料電池自動車）．燃料電池は電解質の種類によって，表 3.2 のように分類することができる．**リン酸型**（phosphoric acid fuel cell，PAFC）は最も歴史が古く，わが国では 1980 年代から開発が進められ，出力 100 kW クラスを中心にすでに実用化されている．酸性であるリン酸は CO_2 による劣化がないので，都市ガス（メタン）を改質して得られる燃料ガスを用いることができるメリットがある．しかし，動作温度が約 200°C と低いため，高価な白金触媒を必要とする．これに対

表 3.2 燃料電池の構成と原理

	リン酸型 (PAFC)	溶融炭酸塩型 (MCFC)	固体酸化物型 (SOFC)	固体高分子型 (PEFC)
運転温度 [°C]	170〜200	600〜700	900〜1000	室温〜100
電解質	リン酸	炭酸ナトリウム/炭酸リチウム	イットリア安定化ジルコニア	イオン交換膜
燃料	水素	水素 一酸化炭素	水素 一酸化炭素	水素
伝導イオン	水素イオン	炭酸イオン	酸化物イオン	水素イオン
発電効率 [%]	35〜45	45〜60	50〜60	35〜45
出力 [kW]	数十〜数万	数千〜数十万	数千〜数十万	数百以下
用途	オンサイト	大容量発電	小〜大容量発電	家庭 自動車 オンサイト

し，**溶融炭酸塩型**（molten carbonate fuel cell，MCFC）は動作温度が600〜700°Cと高いため，白金触媒が不要であり，発電効率が高い．さらに廃熱を有効利用すれば，総合的なエネルギー効率をより高くできるため，分散型電源用途を中心に 200 kW クラスの実証試験が行われている．動作温度がさらに高い（約 1000°C）**固体酸化物型**（solid oxide fuel cell，SOFC）も MCFC によく似た特徴を有する．電解質が固体（セラミックス）であるため，電解質溶液の液漏れがなく，また電池形状の自由度も高い．**固体高分子型**（polymer electrolyte fuel cell，PEFC）の電解質も固体のイオン交換膜であり，小型化・高出力化に適しているため，自動車用や一般家庭用を中心に現在最も注目を集めている．しかし，動作温度が 100°C 以下と低いため，PAFC と同様に高価な白金触媒を必要とし，コストや耐久性の点で解決すべき課題も多い．

3.2.3 水素エネルギー社会

燃料電池は商用の大規模電源だけでなく，一般家庭用の小型分散電源や自動車の動力源としての実用化が期待されている．確かに，クリーンで高効率な燃料電池が幅広く普及すれば，地球温暖化などの環境問題や化石資源の枯渇に対する有効な解決手段になり得るであろう．その際，燃料としてはおもに水素が用いられることになり，現在の化石燃料を基盤とした社会は，近い将来に燃料

電池と水素を基盤とする水素エネルギー社会にシフトするとの予想もある．しかし，水素は化石燃料のように地下資源として存在するわけではなく，あらかじめなんらかの方法で製造する必要がある．おもな水素の製造法をまとめると表3.3のようになる．現時点で最も低コストである水素製造法は，化石燃料（天然ガス）の高温水蒸気による改質であり，約99%がこの方法で製造されている．化石燃料を改質する際，燃料に含まれる炭素分からCO_2が同時に発生する．したが

表 3.3 水素製造法の分類

製造方法	プロセス
化石燃料 　石油 　石炭 　天然ガス	水蒸気改質
工業プロセスの副産物 　コークス炉ガスなど	精製
バイオマス	高温ガス化 水蒸気改質
自然エネルギー 　水力 　風力 　太陽光	水の電気分解
核エネルギー	水の熱化学分解

って，現状のままでは燃料電池が普及しても，総合的なCO_2発生量を劇的に低減することは困難である．将来的には，自然エネルギーを利用した発電（風力，太陽光，水力，地熱など）を利用して，水の電気分解によって水素を製造する方法が期待されている．この方法が実現すれば，CO_2発生量をほとんどゼロにできるだけでなく，供給が不安定で密度が低い自然エネルギーを水素エネルギーとして資源化し，さらには貯蔵や輸送も可能となるため，エネルギー供給システムの枠組みを根底から変える可能性を秘めている．たとえば，アイスランドでは，豊富な地熱と水力によって得られる余剰電力を水素エネルギーに変換し，将来的には他国に輸出することまで視野に入れた国家プロジェクトが始まっている．また，バイオマスからは，水素以外にもメタンガスやエタノールなど燃料電池の燃料として利用できる物質が得られるため，その利用が有望視されている．2005年にわが国で開催された愛知万博では，生ゴミ発酵によって製造したメタンガスを燃料として出力250 kWのMCFC型燃料電池を運転し注目を集めた．

【例題 3.4】 太陽光発電によって発生した電気エネルギーで水を電気分解して，燃料電池の燃料となる水素を製造するプロセス（図3.12）を考える．出力$P=1$ MW，発電効率$\eta_F=60\%$の燃料電池を1年間連続で運転する．それに必要な水素を，1ヶ月で製造するために必要な太陽電池の面積Aを求めよ．

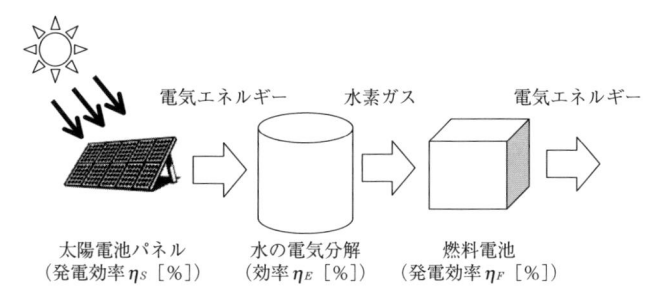

図 3.12 太陽電池を用いた水の電気分解による水素製造

ただし，太陽光エネルギーのエネルギー密度 $w_P=1000\ \mathrm{W/m^2}$，太陽電池の発電効率 $\eta_S=15\%$ とする．また，太陽電池の発電可能時間は1日平均5時間，水の電気分解による水素製造プロセスのエネルギー効率 $\eta_E=50\%$ とする．

（解）　燃料電池の燃料となる水素エネルギーの総量は1年間で

$$P\times 365\times 24\times \frac{100}{\eta_F}=1\times 10^6\times 365\times 24\times \frac{100}{60}=1.46\times 10^{10}\ [\mathrm{Wh}]$$

したがって，

$$1.46\times 10^{10}=A\times 1000\times \frac{\eta_S}{100}\times \frac{\eta_E}{100}\times 30\times 5$$

であるから，

$$A=\frac{1.46\times 10^{10}}{1000\times \frac{15}{1000}\times \frac{50}{100}\times 30\times 5}=1.3\times 10^6\ [\mathrm{m^2}]=1.3\ \mathrm{km^2}$$

となる．

3.3　高速増殖炉

2.3.1項で述べたように，原子力発電所で原子核燃料として用いられている核分裂性物質 $^{235}\mathrm{U}$ は，ウラン鉱石中にわずか 0.7% しか含まれておらず，可採年数は石油と同様に100年以下と推定されている．一方，地球温暖化問題を背景に，ほとんど CO_2 を排出しない原子力発電を見直す動きもあり，原子核燃料の有効利用がますます重要となっている．核燃料に含まれる親物質 $^{238}\mathrm{U}$ は，$^{235}\mathrm{U}$ 核分裂反応の過程で中性子を吸収して核分裂性物質 $^{239}\mathrm{Pu}$ となる．わが国では，図 2.56 に示した核燃料サイクルによって，原子炉から取り出した使用

3.3 高速増殖炉

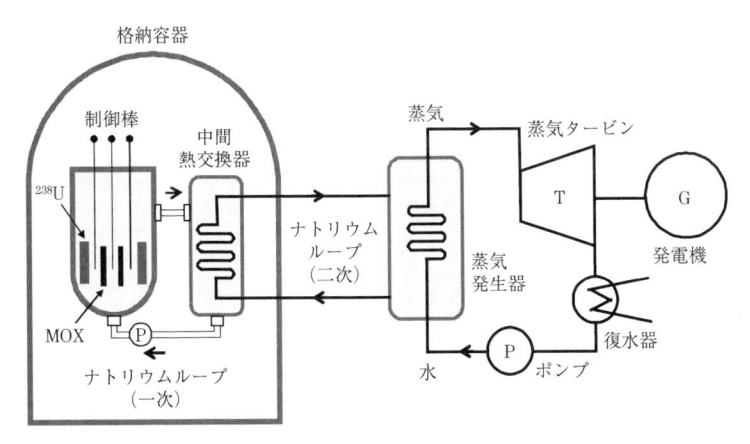

図 3.13 高速増殖炉

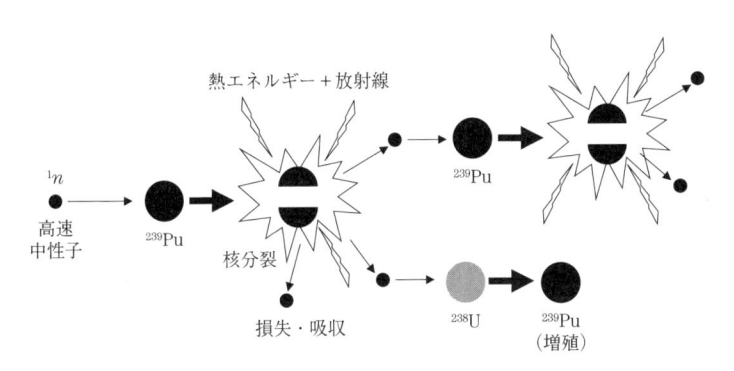

図 3.14 高速増殖炉の核分裂反応

済み核燃料から ^{239}Pu を回収し，これを原子核燃料として再利用する計画が進められている．プルトニウムの利用方法には，**プルサーマル**と**高速増殖炉**（fast breeder reactor，FBR）の 2 つの形態がある（2.3.4 項参照）．

高速増殖炉の概要を図 3.13 に示す．燃料にはプルサーマル同様に MOX 燃料を用いる．高速中性子によって燃料中の ^{239}Pu を核分裂させると同時に，発生した高速中性子を燃料の周囲に配置した ^{238}U に吸収させ，消費した以上（約 1.4 倍）の ^{239}Pu を新たに作り出す（増殖，図 3.14 および例題 2.16 参照）．^{239}Pu の増殖には高速中性子を用いる必要があり，これがその名の由来となっている．通常の原子炉で冷却材として使われる水（軽水）は高速中性子を

減速してしまうので使用できない．そこで，中性子を減速しにくくかつ炉心で大量に発生する熱を効率よく除去できる熱伝導性に優れた金属ナトリウムが高速増殖炉の冷却剤として用いられる．金属ナトリウムの熱エネルギーは炉外に設けた熱交換器で蒸気を発生するために使用され，この蒸気をタービンに供給して発電を行う．液体ナトリウムは水や空気と激しく反応するため，その取り扱いには高度な技術と安全対策が必要である．わが国では，1995年に原型炉「もんじゅ」において発生した金属ナトリウムの漏洩事故により，その安全管理体制の重要性が改めて認識された．

3.4 核融合発電

図2.46に示したように，原子核の結合エネルギーは核分裂反応だけでなく，核融合反応によっても取り出すことができる．核分裂反応ではウランなどのように質量数が比較的大きな元素を分裂させる必要があるが，核融合反応では重水素など質量数の小さな元素が用いられる．核融合反応のエネルギーによって発電を行う方式を**核融合発電**（nuclear fusion power generation）と呼ぶ．代表的な核融合反応である重水素D（deuterium，デューテリウム）と三重水素T（tritium，トリチウム）の反応（D-T反応）は次式で表される．

$$D+T \rightarrow {}^4He\ (3.5\,\text{MeV}) + {}^1n\ (14.1\,\text{MeV}) \qquad (3.11)$$

D，Tはともに水素（${}^1H$）の同位元素であり，Dは${}^2H$，Tは${}^3H$を表している．Dは海水30l中に約1g含まれており，無尽蔵と考えてよい．Tは天然には存在しないが，次式のように天然に豊富に存在するリチウム（Li）と中性子の衝突反応で作り出すことができる．

$$\left. \begin{array}{l} {}^6Li + {}^1n \rightarrow {}^3T + {}^4He \\ {}^7Li + {}^1n \rightarrow {}^3T + {}^4He + {}^1n \end{array} \right\} \qquad (3.12)$$

したがって，核融合発電が実現すれば，発電用一次エネルギー枯渇の問題は解決することとなり，「究極の発電技術」としてわが国や欧米諸国で巨費を投じた研究開発が行われている．ちなみに約50億年にわたって活動を続けている太陽のエネルギー源も水素の核融合反応であることが知られている．

核融合反応で発生した中性子のもつエネルギーは，プラズマ容器内壁に設置

3.4 核融合発電

されるブランケットによって熱エネルギーに変換され発電に利用される．ブランケットはトリチウムの生成にも利用される．(3.11) 式より，D-T 燃料 1g の核融合反応から得られるエネルギーは約 3×10^{11} [J] であり，ウラン ^{235}U 燃料 1g の核分裂エネルギーの約 4 倍に相当する．

核融合反応を発生させるためには，燃料となる原子核同士を高速で衝突させる必要があるが，正電荷間に作用するクーロン反発力によって，通常の状態では原子核同士を衝突させることはできない．そこで，原子核を約 1 億 K の高温プラズマ状態とし，熱運動エネルギーを利用して原子核同士を高頻度で衝突させる．核融合反応を起こすためには，高温プラズマを容器内に一定時間以上閉じ込めておく必要がある．プラズマ閉じ込めには，磁界を用いる方法（磁界閉じ込め）と慣性力を用いる方法（慣性閉じ込め）とがあるが，現在は前者が主流となっている．プラズマ閉じ込めは，さらに磁場分布の違いから，トカマク方式，ヘリカル方式，ミラー方式に分類される．代表的なトカマク型装置の構造を図 3.15 に示す．ドーナツ状の真空容器内に発生させたプラズマを，トロイダルコイル，ポロイダルコイルで発生させた強力な磁界で閉じ込める方式で，わが国では日本原子力研究所の JT-60 などがこの方式を採用している．トロイダルコイルは数 T（テスラ，$1\,T=1\,Wb/m^2=10^4$ [G]）の高磁界を発生する必要があり，ジュール損なしに大電流を通電可能な超伝導コイルが採用

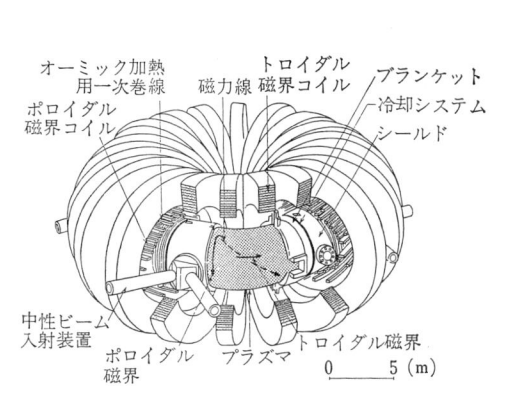

図 3.15 トカマク型核融合炉

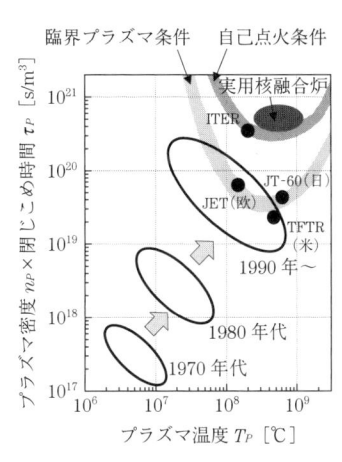

図 3.16 ローソン図で表した核融合炉開発の歩み

される場合が多い．

　核融合反応を連続的に起こすためには，プラズマ温度 T_P [K]，プラズマ密度 n_P [m^{-3}]，プラズマ閉じ込め時間 τ_P [s] の間に一定の関係が成り立つことが必要であり，**ローソン**（Lawson）**条件**と呼ばれている．プラズマ温度 T_P が 1 億（10^8）°Cの場合のローソン条件は

$$n_P \tau_P > 10^{20} \; [\text{s}/\text{m}^3] \tag{3.13}$$

である．図3.16 は，核融合炉開発のこれまでの歩みを，横軸をプラズマ温度，縦軸をローソン条件として描いたグラフで，ローソン図と呼ばれる．前述のJT-60 や欧州連合の JET，米国の TFTR などでは，臨界プラズマ条件（プラズマ生成に要する投入エネルギーと核融合反応で発生したエネルギーが等しい）がすでに達成されており，現在は発生エネルギーが投入エネルギーを上回る自己点火条件の達成を目指して研究が行われている．

　核融合発電の実用化は，早くても 21 世紀後半になるものと予想されている．核融合炉は実用に近づくほど大型化するため，その開発には巨額の資金が必要となり，従来のように国別に研究を行うことは困難な状況となっている．そこで，日本，米国，欧州連合（Europian Union, EU），ロシアによる**国際熱核融合実験炉**（international thermonuclear experimental reactor, **ITER**）の建設が 2005 年に合意された．実験炉はフランスに建設されることが決定しており，世界は 21 世紀中の核融合発電の実現に向けて大きな一歩を踏み出すことになる．

演 習 問 題

3.1 単結晶シリコン太陽電池の表面に入射した光の強度は，進行に伴い太陽電池に吸収され減衰する．以下の2通りの波長と吸収係数をもつ光が，入射強度の20％に減衰するまでに入射面から進む距離を求めよ．ただし，それぞれの光の波長 λ と吸収係数 μ は以下の通りとする．

$$\text{波長 } \lambda_1 = 0.8\ \mu\text{m}, \quad \text{吸収係数 } \mu_1 = 10^3\ [\text{cm}^{-3}]$$
$$\text{波長 } \lambda_2 = 0.4\ \mu\text{m}, \quad \text{吸収係数 } \mu_2 = 10^4\ [\text{cm}^{-3}]$$

3.2 図3.4に示す太陽電池の等価回路において，負荷電流 I は端子電圧 V の関数として次式で表される．

$$I = I_{\text{sh}} - I_0(e^{qV/nkT} - 1)$$

ここで，I_{sh} は短絡電流，I_0 は逆方向飽和電流，n はダイオード理想係数（$n=1\sim2$），q は素電荷，そして T は電池の動作温度である．この太陽電池の開放電圧 V_0 を，上式を用いて導出せよ．ただし，内部直列抵抗 R_s と内部並列抵抗 R_{sh} は無視できるものとする．

3.3 シリコン以外の材料を用いた太陽電池に色素増感太陽電池がある．その動作原理と特徴を述べよ．

3.4 風力発電を既存の電力系統に接続する方法について述べよ．

3.5 ローター直径40 m，周速比5の風車がある．風速10 m/sのとき，風車の回転数はいくらか．

3.6 水素を燃料，酸素を酸化剤とする燃料電池について以下の問いに答えよ．ただし，ファラデー定数を $F = 96.5$ kC/mol とする．
 (1) 水素ガス1 molから得られる理論的電気量 Q [C] を求めよ．
 (2) この燃料電池の理論起電力が $E_0 = 1.23$ V であるとき，水素ガス1 molから得られる理論的電気エネルギー W_E [J] を求めよ．

3.7 高速増殖炉と従来の原子炉（軽水炉）とのおもな違いを，燃料となる核分裂性物質，核分裂反応を司る中性子，冷却剤について述べよ．

3.8 核融合発電が，「究極の発電技術」と呼ばれている理由を述べよ．

4. 電気エネルギーの輸送と貯蔵

4.1 電力系統の構成

発電所 (electric power station) で発生した電気エネルギーは，需要家まで輸送しなければ利用することができない．電気エネルギーの発生から利用までの流れを示すと図 4.1 のようになる．発電所で発生した電気エネルギーは**変電所** (substation) で昇圧され，**送電線** (transmission line) によって輸送される．この部分の電力輸送を**送電** (electric power transmission) と呼ぶ．高電圧で送電する理由は，送電線の抵抗による**ジュール損失** (Joule loss) を低減し，電気エネルギーをより高効率で送ることができるからである（詳細は 4.5 節を参照）．わが国における送電電圧と各年の年間発電電力量の変遷をまとめると図 4.2 のようになり，発電電力量の増加とともに送電電圧が上昇してきたことがわかる．現在，わが国の基幹送電系統では送電電圧 500 kV 級の UHV (ultra high voltage) 送電が実施されており，技術開発は 1000 kV 級の送電まで完了している．消費地近くまで輸送された電気エネルギーは再び変電所に送られ，需要家に応じたレベルまで電圧を下げた後に需要家に供給される．この部分の電力輸送を**配電** (electric power distribution) と呼び，送電と区別される．

このように，電力系統は全体として大規模かつ複雑なシステムを構成しており，その安定運用は，系統解析，絶縁設計，制御，需要予測，情報通信などのさまざまな技術によって支えられている．現状では大容量の電気エネルギーをそのまま貯蔵する技術は実用化されていないため，電気エネルギーの発生と消費は同時に行われなければならない．需要に合わせた発生電力の制御は，図

4.3 に示すような中央給電司令所を頂点とする階層をなした給電指令組織によって電力会社ごとに行われている．

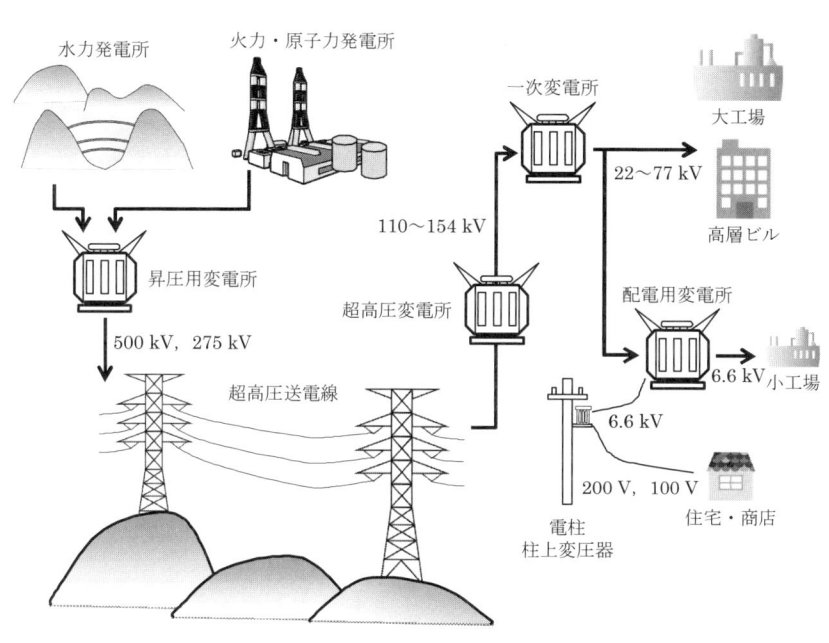

図 4.1　電力系統の概要

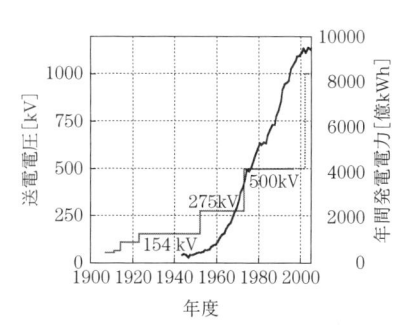

図 4.2　わが国における送電電圧と電気エネルギー消費の変遷

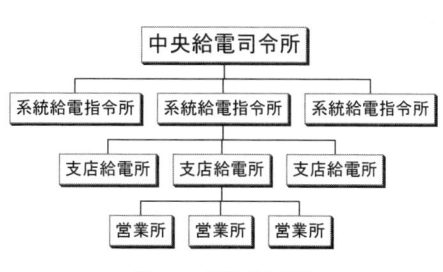

図 4.3　給電指令組織

4.2 送電設備

電気エネルギーはポインティングベクトル $S = E \times H$ として空間を伝搬する（1.2.2項参照）．したがって，電気エネルギーの輸送には空間に電界 E と磁界 H を形成することが必要であり，最も簡単な方法は金属の導体に電圧を印加し電流を流すことである．金属導体を用いた送電方式（有線送電）は，**架空送電線**（overhead transmission line）と**地中送電線**（underground transmission line）の2種類に大別できる．架空送電線はアルミニウムなどの金属撚線を導体に用い，これを鉄塔で地上数十mの高さに支持したものである（図4.4）．高電圧で送電するためには，各相の導体間，および導体と接地された鉄塔の間の電気絶縁は，空気（大気）と磁器製のがいしによって維持される．一方，地中送電線では，図4.5に示すような液体（絶縁油）や固体（紙，高分子）によって絶縁された電力ケーブル，または図4.6に示すような気体（高気圧 SF_6 ガス）によって絶縁された**管路気中送電線**（gas insulated Line，GIL）が用いられる．これらの地中送電線は，地中に埋設された管路・洞道などに収容される．2つの送電線の特徴を比較すると表4.1のようになる．近年わが国では，環境への配慮や用地確保の困難などを理由に，都市部を中心に地中送電線や地下変電所の設置が増えている（電線地中化）．

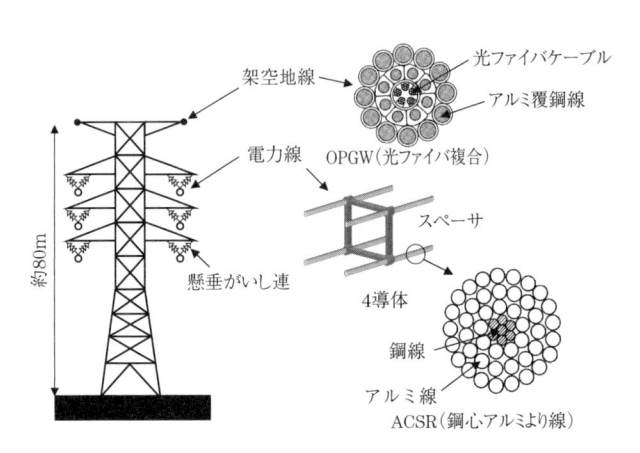

図 4.4 架空送電線

4.2 送電設備

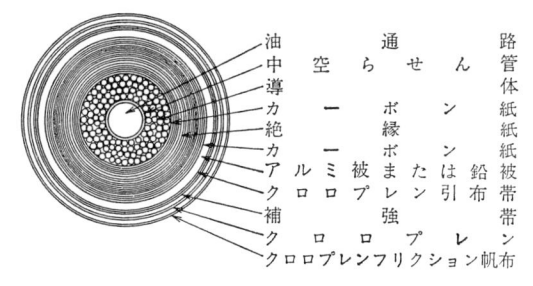

（a）単心 OF ケーブルの断面図

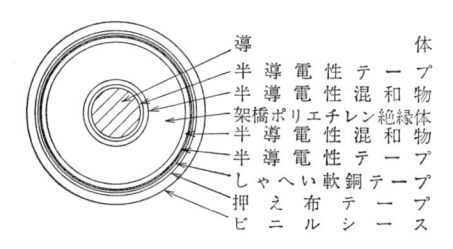

主な構成：油路，通路管，空らせん，中空導体，カーボン紙，絶縁紙，カーボン紙，アルミ被または鉛被，クロロプレン引布帯，補強帯，クロロプレン，クロロプレンフリクション帆布

（b）単心架橋ポリエチレンケーブルの断面図

主な構成：導体，半導電性テープ，半導電性混和物，架橋ポリエチレン絶縁体，半導電性混和物，半導電性テープ，しゃへい軟銅テープ，押え布テープ，ビニルシース

図 4.5 地中送電線

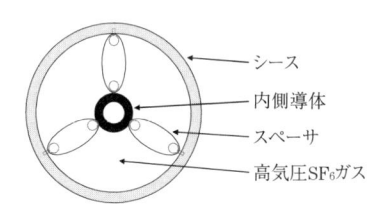

図 4.6 管路気中送電線（GIL）

ラベル：シース，内側導体，スペーサ，高気圧SF$_6$ガス

表 4.1 架空送電線，地中送電線の比較

	架空送電線	地中送電線
長所	建設コストが低い 送電容量が大きい 事故箇所の発見，復旧が容易	自然環境に直接曝されないため，事故が少ない 景観を損なわず，都市部にも設置できる
短所	自然環境に直接曝されるため，事故が多い 景観を損なう	建設コストが高い 送電容量が小さい 事故箇所の発見，復旧が困難

4.3 電気方式

電力系統の電気方式は，まず電圧や電流の波形によって直流方式と交流方式に大別できる．世界初の商用電力系統は，米国でエジソン（Edison）が1882年に始めた直流方式であった．しかし，その後はテスラ（Tesla）などによって考案された多相交流方式が優位となり，現在に至るまで主流として発展してきた．交流方式の利点は，変圧器によって電圧を容易に調整でき，高電圧送電による低損失輸送が可能であることであるが，現在ではパワーエレクトロニクス技術の進歩により，直流高電圧による大電力送電も可能となっている．直流高電圧送電は交流高電圧送電に比べ，同期運転が不要であり安定度の点でも優れているなどの多くの利点を有しており，わが国でも北海道/本州間の系統連系線や50 Hz/60 Hzの異周波数系統の連系線（周波数変換所，静岡県佐久間（30万kW），長野県新信濃（60万kW））などで実用化されている．

交流送電は，送電に用いる導体の本数や，電圧・電流の位相によって，さらにいくつかの方式に分類することができるが，主流は図4.7（a）に示した三相3線方式である．同方式では，各線に位相が120°ずつ異なる振幅の等しい正弦波電圧（三相平衡電圧）を印加する．このとき，各線に流れる電流も三相平衡であり，そのベクトル和は常に0となる．したがって，Y結線の接続点には電流を流すための配線を接続する必要がなく，3線での送電が可能である．これに対し，図4.7（b）のように各相の電力を単相2線で輸送する場合

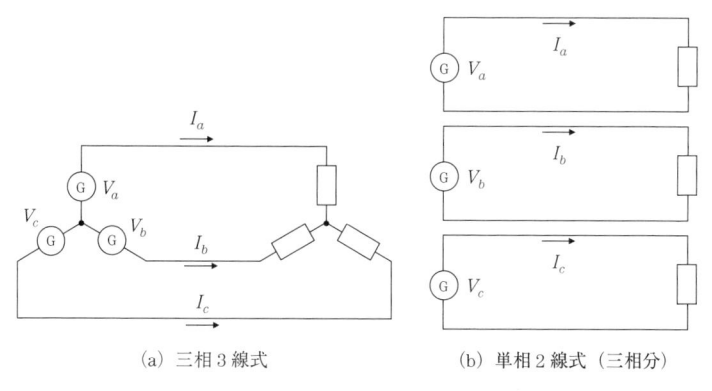

(a) 三相3線式　　　(b) 単相2線式（三相分）

図 4.7　交流送電の方式

は，合計で6本の送電線が必要となる．このように，三相分の電力を輸送する場合，三相3線方式は単相2線方式の半分の長さの送電線で同じ電力を送ることができる経済的な送電方式である．

三相3線方式の送電電力 P_3 は次式で与えられる．

$$P_3 = 3V_3 I_3 \cos\phi_3 \tag{4.1}$$

ここで，V_3 は中性点を基準とする相電圧，I_3 は線電流，$\cos\phi_3$ は力率である．一方，単相2線方式の送電電力 P_1 は（この場合は図4.7 (b) とは異なり単相のみを考える）

$$P_1 = V_1 I_1 \cos\phi_1 \tag{4.2}$$

となる．ここで，V_1 は2線間の線間電圧，I_1 は線電流，$\cos\phi_1$ は力率である．

【例題4.1】 送電線の電流密度，送電電圧，力率が同じである場合，三相3線方式は単相2線方式の半分の電線断面積で同じ電力を輸送できることを示せ．

（解）題意より（4.1）式，（4.2）式において，$P_3 = P_1$，$V_3 = V_1$，$\phi_3 = \phi_1$ であるから

$$3I_3 = I_1 \quad \therefore \quad \frac{I_3}{I_1} = \frac{1}{3}$$

となる．三相3線方式，単相2線方式の電線1本あたりの断面積をそれぞれ S_3，S_1 とすると，電流密度が同じであるから

$$\frac{I_3}{S_3} = \frac{I_1}{S_1} \quad \therefore \quad \frac{S_3}{S_1} = \frac{I_3}{I_1}$$

が成立する．よって，電線総断面積の比は電線本数を考慮して

$$\frac{3}{2}\frac{S_3}{S_1} = \frac{3}{2}\frac{I_3}{I_1} = \frac{3 \times 1}{2 \times 3} = \frac{1}{2}$$

となり，三相3線方式の電線断面積は単相2線方式の半分となる．

4.4 有効電力と無効電力

電力系統を通して輸送される電力の移動は，海の潮の流れになぞらえて**電力潮流**（electric power flow）と呼ばれる．各相の電圧，電流が対称な三相3線送電線の電力潮流は，これを単相回路に置き換えた図4.8の三相一括等価回

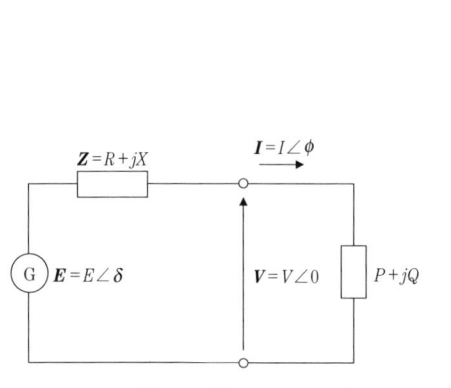

図 4.8 発電機〜送電線の三相一括等価回路

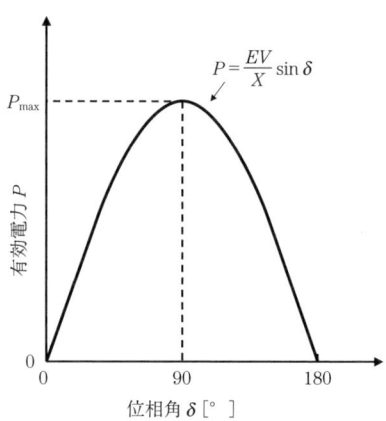

図 4.9 送電容量と位相角の関係

路を用いて計算することができる（演習問題 4.1 参照）．同図で $E=E\angle\delta$ は発電機起電力，$V=V\angle 0$ は負荷端子電圧である．$Z=R+jX$ は発電機の内部リアクタンスを含む送電線のインピーダンスであり，長距離送電線では一般に $R\ll X$ が成り立つ $(Z\approx jX)$．同図より，負荷が消費する複素電力 S は次式で求められる．

$$S = VI^* = V\angle 0 \left(\frac{E\angle\delta - V\angle 0}{R+jX}\right)^* \approx V\angle 0 \left(\frac{E\angle\delta - V\angle 0}{jX}\right)^*$$

$$= V\left(\frac{E\angle(-\delta) - V}{-jX}\right) = \frac{V}{X}(E\sin\delta + j(E\cos\delta - V)) \quad (4.3)$$

よって，**有効電力**（effective power）P [W]，**無効電力**（reactive power）Q [var] は

$$P = \mathrm{Re}\,[S] = \frac{EV}{X}\sin\delta \quad (4.4)$$

$$Q = \mathrm{Im}\,[S] = \frac{EV}{X}\cos\delta - \frac{V^2}{X} \quad (4.5)$$

と表される．(4.4) 式より，位相角 δ と有効電力 P（送電線の送電容量）と

の関係は図4.9のように図示できる．同図より，$\sin \delta = 1$ すなわち $\delta = 90°$ のときに送電容量は最大値 $P_{\max}$ となる．

$$P_{\max} = \frac{EV}{X} \tag{4.6}$$

$P_{\max}$ を**定態安定極限電力**と呼ぶ．実際にはインピーダンス Z による電圧降下はごくわずかであり，$E \approx V$ と考えてよいので，(4.4) 式より送電容量は送電電圧の二乗に比例することがわかる．また，送電線路のインダクタンス L は線路長に比例するので，リアクタンス $X = 2\pi fL$ も線路長に比例して増大し送電容量は線路長に反比例する．位相角 δ は電力系統の同期周波数 f に依存する量であるので，(4.4) 式は有効電力 P が周波数 f と密接に関連することを示している．

【例題 4.2】 図4.8のフェーザ図を示せ．

(解)

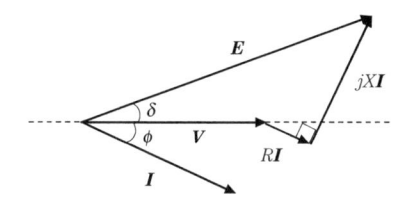

4.5 送 電 損 失

架空送電線の場合，送電によって発生するおもな損失は導体の抵抗によるジュール損失である．三相3線方式送電線の場合，三相分の送電損失（ジュール損失）P_L は送電線抵抗を R，線電流を I_3 すると，

$$P_L = 3RI_3^2 \tag{4.7}$$

と表される．送電電力 P_{ac} に対する送電損失 P_L の割合を送電損失率 p_L といい，(4.1)，(4.7) 式より

$$p_L = \frac{P_L}{P_3} \times 100 = \frac{RI_3}{V_3 \cos \phi} \times 100 \ \% \tag{4.8}$$

となる．(4.8) 式より，送電電力を大きくするために電圧，電流を上昇させると，送電損失率は電圧に反比例して低くなるが，電流に対しては逆に比例して

大きくなることがわかる．以上の結果より，大電力を低損失で送電するためには，大電流送電よりも高電圧送電の方が有利であることがわかる．

【例題 4.3】 直径 30 mm，長さ 100 km のアルミニウム製の送電線を用いて，線間電圧 $V_L = 100$ kV，電流 $I_3 = 1$ kA，力率 1 で送電する場合の送電損失率を求めよ．ただし，アルミニウムの抵抗率を 2.7×10^{-8} $[\Omega \cdot \text{m}]$ とし，電流は送電線断面を均一に流れるものとする．

（解） 送電線の抵抗 R は

$$R = 2.7 \times 10^{-8} \times \frac{100 \times 10^3}{\pi \times \left(\frac{30 \times 10^{-3}}{2}\right)^2} \cong 3.8 \ \Omega$$

となる．また，相電圧 V_3 は，

$$V_3 = \frac{V_L}{\sqrt{3}} = \frac{100}{\sqrt{3}} \ \text{kV}$$

であるから，(4.8) 式より，送電損失率は

$$\frac{\sqrt{3} \times 3.8 \times 10^3}{100 \times 10^3 \times 1} \times 100 = 6.6 \ \%$$

となる．

4.6 分散型電源とコジェネレーション

電気エネルギーは瞬時に送ることができるため，発電所を消費地の近くにつくる必要がない．送電損失の観点からは，送電距離を短くした方が有利であるが，高電圧送電技術の進歩により，数百 km 程度の長距離を低損失で送電す

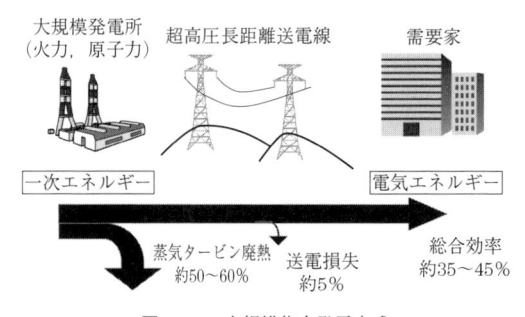

図 4.10 大規模集中発電方式

4.6 分散型電源とコジェネレーション

る技術が確立されている．特に国土の狭いわが国では，電力大消費地である都市部の近くに火力や原子力の大型発電所を建設することは年々困難になっており，図 4.1，4.10 に示すような大規模集中発電方式が電力システムの主流として発展してきた．近年ではスケールメリットを追求した結果，発電機の単機容量が増大し，燃料の輸送や貯蔵も含め発電所建設には広大な敷地が必要となり，人口密集地に大規模発電所を建設することはきわめて困難となっている．超高圧送電技術の発展により，長距離送電線の電力輸送効率は 95% と高く，その伝送瞬時性と相まって大規模集中発電方式は電力需要の伸びと歩調を合わせて発展してきた．しかし，一次エネルギーである化石燃料などからのエネルギー変換効率を考えた場合，水蒸気を作動流体とする熱サイクルの熱効率は高々 50% であり，およそ半分のエネルギーは廃熱として捨てられている．したがって，資源の有効利用，環境保全の観点から，総合的なエネルギー変換効率に優れた新しいエネルギー供給方式が強く求められている．

一方，環境問題や化石燃料の枯渇を背景に将来の普及が期待されている，風力発電や太陽光発電などの自然エネルギー発電は，大容量化が困難であることから従来の大規模集中発電方式には適さないが，クリーンで環境負荷が小さいため電力消費地の近傍に分散して配置することが可能であり，**分散型電源**（distributed power generation）と呼ばれる．わが国では，電力自由化にも後押しされる形で，今後分散型電源が増加することが予想されている．このような分散型電源では，エネルギー輸送距離が短くなることにより，火力発電所

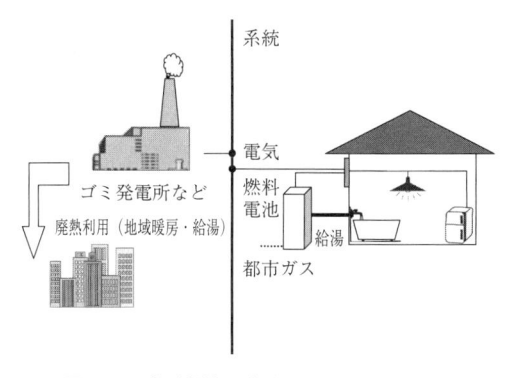

図 4.11　熱電併給発電（コジェネレーション）

などの熱サイクルで廃熱として捨てられていた熱エネルギーを電気エネルギーと同時に供給することが可能となるため，高い総合エネルギー利用効率が得られるというメリットもある．分散型電源のうち，図4.11に示すように発電時の廃熱を回収して給湯や空調に利用する方式を，**熱電併給発電（コジェネレーション）** と呼ぶ．分散型電源は小容量であるため，複数設置したとしてもそれ独自で安定した電力供給を行うことは難しい．そこで電力供給の安定性向上を図る目的で，バックアップとなる既存の電力システムへの接続と電力貯蔵装置を併用したハイブリッド型分散電源も提案されている．

3.2節で説明した燃料電池のうち，動作温度が高いMCFCやSOFCは，コジェネレーションに適している．燃料電池と並んで，コジェネレーション用電源として注目を集めている発電方式に**マイクロガスタービン**（micro gas turbine）がある（図4.12）．マイクロガスタービンは，米国において軍需用に開発された小型移動電源がベースとなっており，タービンだけでなく，発電機，周波数変換装置（インバータ）も含まれている．燃料（都市ガス）を圧縮空気と混合して燃焼させ，高温高圧（4気圧，900°C）の燃焼ガスで小型のガスタービンを高速回転させる．出力50kW程度で発電効率は約30%と低いが，排ガス温度が約300°Cと高く給湯などに利用でき，熱電総合エネルギー効率は約80%に達する．わが国ではガス供給会社が中心となり，一般家庭用燃料電池やマイクロガスタービンの実用化研究が活発に行われており，オール電化を推進する電力会社との競争が激化しつつある．

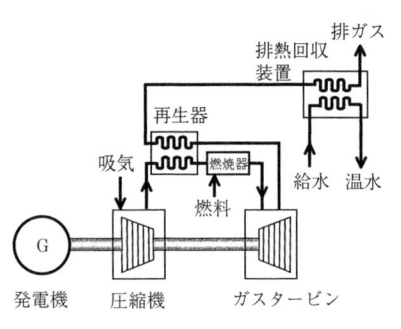

図4.12 マイクロガスタービンのシステム構成

分散型電源は，おもに電源（発電所）の観点から電力システムを捉えた概念である．これに対し，図4.13に示すように負荷（需要家）も含めたローカルなネットワークを構築し，既存の電力システムとの協調を図りながら，安定した電力供給を行う電力システムを**スマートグリッド**（smart grid）と呼ぶ．スマートグリッドでは，グリッド内，グリッド間，および上位の大規模系統との

図 4.13 スマートグリッド

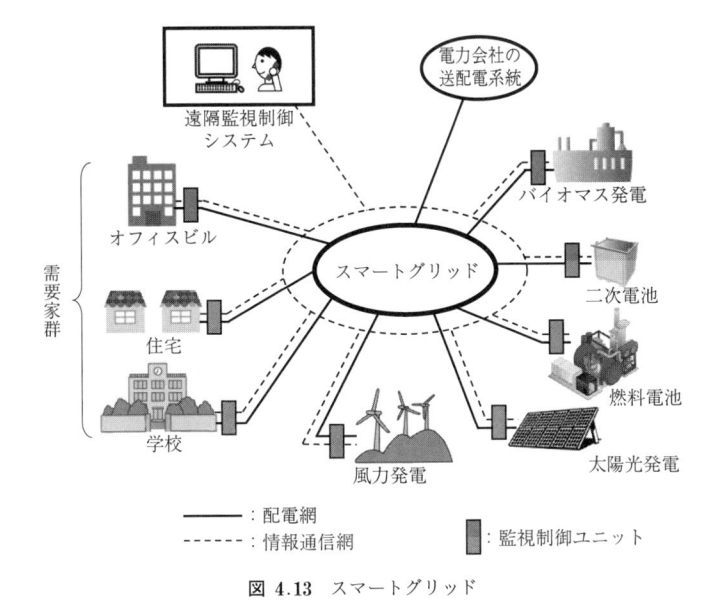

間で，エネルギー需給に関する情報を共有しつつ各種の制御を行う必要があり，近年のIT技術の進歩を背景に実用化を目指した研究開発が活発に行われている．現在，NEDO（新エネルギー・産業技術総合開発機構）によって各地で実証試験が行われている．

4.7 電　力　貯　蔵

電力の需要は季節や時刻によって変動するため，需要に合わせて供給電力を調整する必要がある．電力系統には，火力，原子力，水力などのさまざまな発電所が多数接続されており，図 4.3 に示した中央給電指令所においてこれらの組み合わせ（起動・停止）や出力調整を行っている．1.6 節でも述べたように，わが国では空調用電力需要が増加する夏期に電力需要が集中するため，発電設備の年負荷率は約 60％と低い．また，図 1.21 に示したように，1 日の電力需要の昼間と夜間の格差も年々拡大する傾向にあり，夜間の設備稼働率は概ね 50％以下であり，いわゆる「余剰電力」が発生している状況にある．図 4.14 に示すように，**電力貯蔵**（electrical energy storage）技術は電力需要の

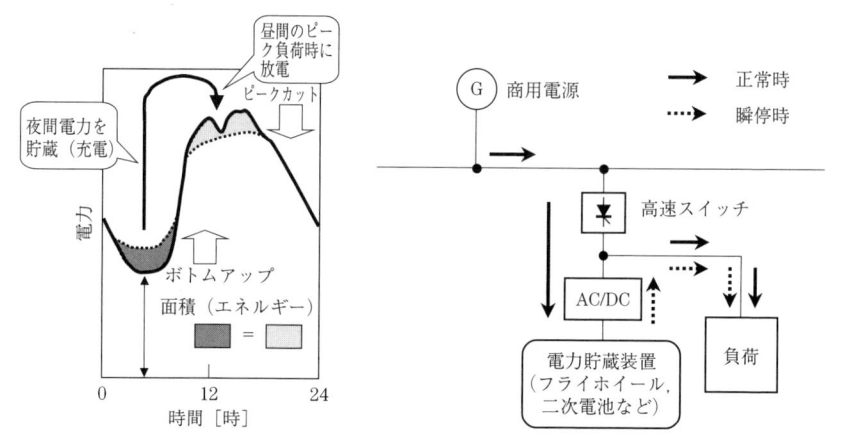

図 4.14 電力貯蔵による負荷平準化　　**図 4.15** 無停電電源装置（UPS）を用いた瞬停補償装置

　昼夜間格差を縮小すること（負荷平準化）により，発電設備の有効利用と省エネルギーを可能とするものである．高付加価値の製品を製造する半導体デバイスやIT機器などの生産ラインでは，電力系統内の事故などによって供給電力の瞬時停止（瞬停）や受電電圧の瞬時低下（瞬低）が生じると，生産ラインが一時ストップし莫大な損害を被る．そこで図4.15に示すように，**無停電電源装置**（uninterruptible power supply，UPS）と呼ばれるバックアップ用電源（瞬低補償装置）として，起動時間の短い電力貯蔵装置が利用されている．さらに，発生電力が不安定な風力や太陽光エネルギーなどの自然エネルギーを利用した発電方式と組み合わせれば，天候になどに左右されない安定した電力供給を実現することができる．このように，電力貯蔵装置は今後ますますその重要性を増すと考えられる．なお，1.2.2項でも説明したように，「電力」貯蔵は正確には「電気エネルギー」貯蔵と称するべきであるが，本書では関連分野における慣例にしたがいあえて電力貯蔵と表記することとする．

　電力貯蔵技術としては，わが国でもすでに実用化されている揚水式発電所（2.1節参照）が代表的である．揚水式発電では，夜間の余剰電力を利用して水をポンプで高所に汲み上げ，水の位置エネルギーとして電気エネルギーを貯蔵している．この例からもわかるように，「電力」貯蔵と呼ばれている技術も，実際には電気エネルギーをそのままの形で貯蔵できるものは少ない．したがっ

て，電力貯蔵では貯蔵エネルギーの電気エネルギーへの再変換を高効率かつ短時間に行える必要がある．以下では，現在研究開発が進められている，揚水式発電以外の電力貯蔵技術について説明する．

4.7.1 フライホイールエネルギー貯蔵（fly-wheel energy storage，FWES）

余剰電力を利用して，図 4.16 に示すような発電機とモータ（1 台で兼用する場合もある）に直結したフライホイール（はずみ車，回転円板）を回転させ，その回転エネルギーとして電力を貯蔵する方式である．慣性モーメント J [kg·m²]，回転角速度 ω [rad/s] のフライホイールに貯蔵される回転運動エネルギー W [J] は次式で表される（例題 1.1 参照）．

$$W = \frac{1}{2} J \omega^2 \tag{4.9}$$

ここで，フライホイールの質量を M [kg]，半径を R [m] とすると，

$$J = \frac{1}{2} \pi \rho R^4 L = \frac{1}{2} \rho (\pi R^2 L) R^2 = \frac{1}{2} M R^2 \tag{4.10}$$

であるから，(4.9)，(4.10) 式より，

$$W = \frac{1}{4} M R^2 \omega^2 \tag{4.11}$$

となる．回転するフライホイールには軸受の摩擦や円板が受ける空気抵抗によって機械的な損失が生じ，貯蔵エネルギーは徐々に減少する．フライホイールによる小規模なエネルギー貯蔵はすでにさまざまな分野に応用されている．た

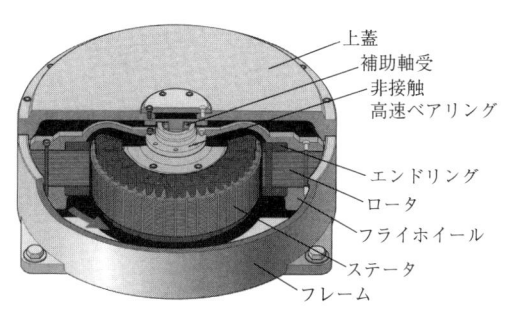

図 4.16 電力貯蔵用フライホイール（提供：日本フライホイール（株））

とえば，電車の発進や製鉄所の電気炉が動作する際の短時間大電力を供給し電力系統の擾乱を抑制する目的で，1～10 MW クラスのフライホイールが利用されている．また，10～100 kW クラスの小型装置は UPS としてさまざまな分野で利用されている．

4.7.2 圧縮空気エネルギー貯蔵 (compressed air energy storage, CAES)

空気などの圧縮性気体を外部からの仕事によって圧縮することによってエネルギーを貯蔵することができる．一定容積 V [m^3] の空間に圧力 P_1 [Pa] の空気を圧力 P_2 [Pa] まで高めて蓄えるのに必要な仕事 W [J] は次式で与えられる．

$$W = V(P_2 - P_1) \tag{4.12}$$

ここで，これを再び元の圧力 P_1 まで戻す過程で貯蔵エネルギー W を取り出すことができる．圧縮空気の利用法としては，図 4.17 のようなガスタービンの燃焼に必要な圧縮空気として利用する方法が考案されている．ガスタービン発電所は，通常の火力発電所に比べて起動停止が容易であるため，ピーク負荷対応用の電源に適しているが，燃料燃焼に必要な圧縮空気を得るためには発生電力の約 3 分の 2 を用いて圧縮機（コンプレッサー）を駆動する必要がある．同図では，この燃料燃焼用の圧縮空気に貯蔵した圧縮空気を用いている．

1978 年，ドイツのフントルフでは地下 800 m に位置する岩塩採掘跡の地下洞を圧縮空気貯蔵に利用する出力 290 MW のガスタービン発電所が実用化さ

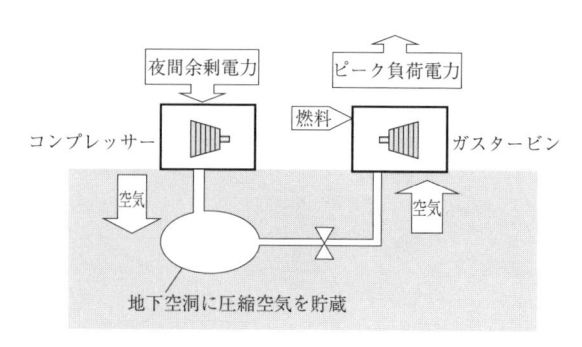

図 4.17 圧縮空気エネルギー貯蔵

れている.同発電所では,近隣の原子力発電所の夜間余剰電力を利用して,最大31万 m^3 の空気を約60気圧まで圧縮している.システム全体の効率は約50％と低いが,天然に存在する地下洞に空気を貯蔵するため環境へのインパクトが小さく,地下に岩塩層が広く分布するドイツでは,急速に普及しつつある風力発電で発生した電力の貯蔵技術としても再び注目されている.

4.7.3 超伝導エネルギー貯蔵 (superconducting magnetic energy storage, SMES)

銅などの金属の電気抵抗は,温度低下とともに連続的に低下する.これに対し,ニオブNbなどの一部の金属はある温度(臨界温度)以下に冷却するとその電気抵抗が完全に0になることが知られている(図4.18).前者を常伝導材料,後者を超伝導材料と呼ぶ.**超伝導現象**(superconductivity)は,1911年にオランダのオンネス(Onnes)が約4.3Kに冷却した水銀を用いて発見したもので,その後さまざまな超伝導材料が発見されている.当初はNbTiやNb$_3$Snなどの合金系材料を主流として研究開発が進められ,図3.15に示した磁気閉じ込め式核融合炉用に必要な中心磁界

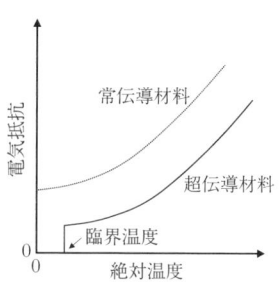

図 4.18 常伝導材料と超伝導材料

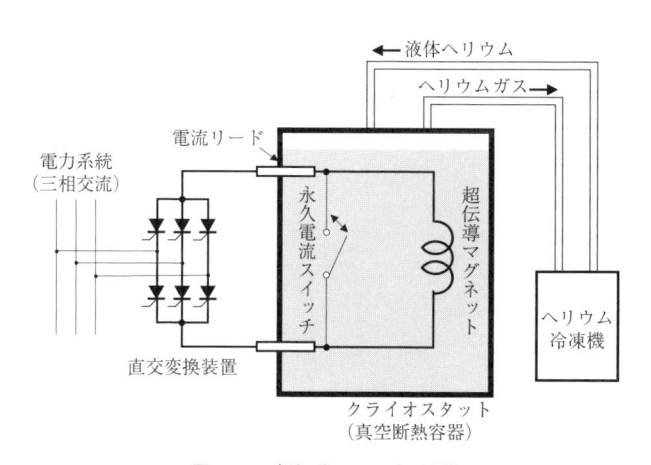

図 4.19 超伝導エネルギー貯蔵

10 T程度の高磁界マグネット用線材として実用化されている．これら合金系超伝導材料の臨界温度は10〜20 K程度であり，高価な液体ヘリウム（大気圧沸点4.2 K）によって冷却する必要があるためその応用分野は限られていた．ところが，1980年代後半に臨界温度が100 Kを超える酸化物高温超伝導材料が発見され，安価な液体窒素（大気圧沸点77.3 K）を冷媒に用いることが可能になると，その潜在的応用分野は急速に拡大した．

　超伝導現象を応用したエネルギー貯蔵技術に，**超伝導エネルギー貯蔵**（SMES）がある．自己インダクタンス L の無端ソレノイドコイルに電流 I を流すと，コイル周辺の空間には磁界が形成され，(1.8)式で表されるエネルギーが蓄えられる．電気抵抗は0である超伝導コイルに流れる電流 I は永久に減衰することはなく，この永久電流が形成する磁界空間にエネルギーを貯蔵することが可能となる．

　図4.19はSMESの構成を模式的に表したものである．超伝導導体に交流電流を流すとコイル発生磁界の時間変化によって交流損と呼ばれるごくわずかな損失が発生するため，電力貯蔵の観点からは不利となる．このため，交直変換装置を用いて交流電力を直流電力に変換して貯蔵し，貯蔵エネルギーを利用する際はその逆の変換を行う．超伝導コイルを冷凍機によって生成した冷媒液体

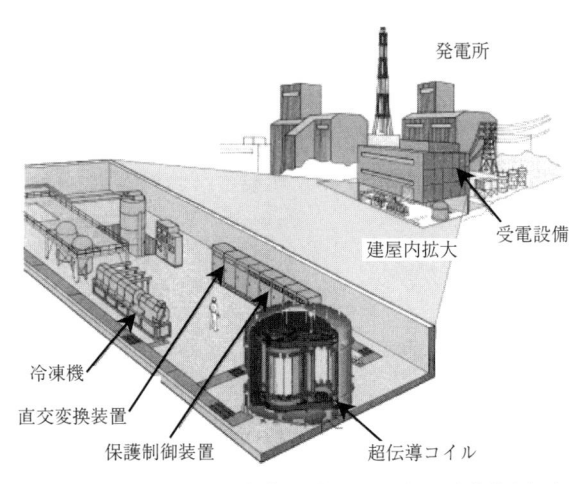

図 4.20　大規模SMESの概念図（新エネルギー・産業技術総合開発機構ホームページ）

（合金系超伝導体では液体ヘリウム）によって臨界温度以下にまで冷却した状態で励磁し，所定の電流に達した後に永久電流スイッチを閉じることによって超伝導状態の閉回路を構成し，永久電流モードの運転を行う．SMES では電気エネルギーを他のエネルギーに変換することなく貯蔵でき，90％以上の高い総合効率を得ることができる．揚水式発電所と同程度の出力（10万kW）と貯蔵エネルギー（10万kWh）の SMES は，コイル直径が 100 m に達する大型装置となるが，揚水式発電所に比べると敷地面積は小さくて済み高低差などの地形の制約も受けない．強大な電磁力に耐える堅牢なコイル構造とするには，多くの機械的支持物が必要となりその重量は数十万 t に達するため，図 4.20 に示すように強固な地盤の地下に設置することが想定されている．

【例題 4.4】 出力 10 万 kW の発電所の電気エネルギーを深夜（午前 1 時から午前 5 時まで）に貯蔵するための SMES を考える．超伝導コイルに流れる永久電流 I が 100 kA の場合，同コイルのインダクタンス L [H] はどれだけになるか．また，同コイルが半径 50 m，単位円周長あたりの巻数が 100 m^{-1} のドーナツ状空芯ソレノイドコイルであるとして，その断面の半径 r [m] を求めよ．

（解）(1.8) 式より，コイルの貯蔵エネルギー W [J] は

$$W = \frac{1}{2}LI^2 = \frac{1}{2}L \times (10^5)^2 = 10^5 \times 10^3 \times 4 \times 60 \times 60$$

であるから，これを解いて $L = 288$ H を得る．総巻数 n，円周長 l [m]，断面半径 r [m] のドーナツ状空芯ソレノイドコイルのインダクタンス L [H] は次式で与えられる（電磁気学の教科書などを参照）．

$$L = \frac{n^2 \mu_0 \pi r^2}{l} = 4\pi^2 \times 10^{-7} \times \frac{n^2 r^2}{l}$$

したがって，題意より $n/l = 100$，$l = 2\pi R = 100\pi$ であるから，上式を解いて，$r = 4.8$ m となる．

4.7.4 電 池

物質のもつ化学エネルギーを電気エネルギーに直接変換する装置を**電池**（battery）と呼ぶ．化学反応を起こす物質（活物質）は通常電池容器内に蓄え

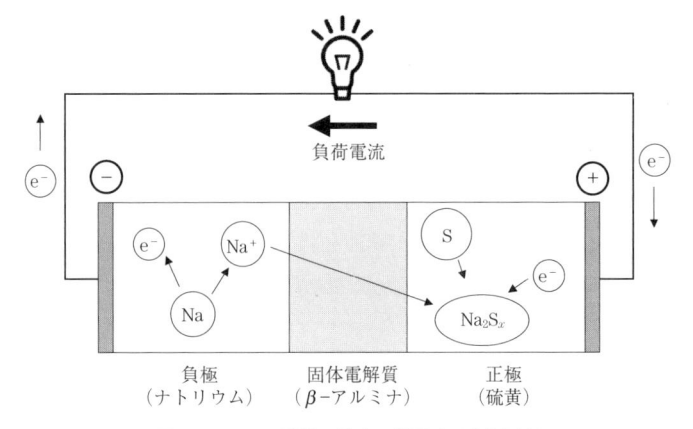

図 4.21 NaS 電池の構造と放電時の動作原理

られている場合が多いが，3.2 節で説明した燃料電池のように，外部から連続して供給する種類もある．また，3.1.1 項で紹介した太陽電池は，上記の定義からは厳密には電池とは呼べないため，「物理電池」として分類される．市販されているマンガン乾電池のように一度放電したら再利用できない電池を**一次電池**（primary battery），鉛蓄電池のように充電によって活物質を再生し繰り返し利用できる電池を**二次電池**（secondary battery）と呼び，電力貯蔵には後者が利用される．電池を用いた電力貯蔵は，揚水式発電などに比較すると容量は小さいが，負荷追従性に優れ小型であるため需要地の近隣に設置できるなどの特徴がある．また，ノートパソコンや携帯電話などの携帯用電子機器用の電源として，貯蔵エネルギー密度の高いリチウムイオン電池などの小型二次電池の性能向上も近年著しい．

現在，電力貯蔵用として実用化されている二次電池としては，**ナトリウム-硫黄（NaS）電池**と**レドックスフロー電池**（バナジウムイオンの酸化還元反応を利用）がある．NaS 電池の放電時における動作原理を図 4.21 に示す．NaS 電池では，活物質として正極側に硫黄（S），負極側にナトリウム（Na）を用いる．両者を溶融状態とするため，電池は約 300°C の高温で動作する．両者の間は β-アルミナなどの固体電解質で仕切られており，Na^+ イオンのみが通過できる．放電時において，負極側では，$2\,Na \to 2\,Na^+ + 2\,e^-$ の酸化反応によって Na^+ イオンが生成し，固体電解質を通って正極側に移動する．正極

側に移動した Na^+ イオンは外部回路を通じて移動した電子と硫黄とともに，$xS+2e^-+2Na^+ \rightarrow Na_2S_x$（ただし，$x=3, 4, 5$）の還元反応が起こる．このときの電子移動によって外部回路に接続した負荷に電力を供給することができる．充電する場合は，NaS電池の正極，負極に外部直流電源の正極，負極を接続することで，上記と逆方向の反応を起こす．NaS電池の単位重量あたりエネルギー密度は理論値で760 Wh/kgであり，従来の鉛蓄電池の約10倍である．NaS電池は，現在おもに発生電力の変動が大きい風力発電所において出力平滑用に利用されており，70～80%程度の充放電効率が得られている．

4.7.5 電気二重層コンデンサ

1.2.2項で説明したように，コンデンサ（キャパシタ）を使って電気エネルギーを電界として蓄えることができる．(1.9)，(1.10) 式からもわかるように，その貯蔵電気エネルギーを大きくするためには，コンデンサ電極間の電圧 V を高くするか，比誘電率 ε_r の大きな誘電体を用いて静電容量 C を大きくする必要がある．電圧 V を高くすると電極間に挿入する誘電体に加わる電界強度が上昇すると同時に漏れ電流によるジュール発熱も増大する．このため，電圧の最大値は誘電体の絶縁破壊強度や耐熱温度によって制限され，最高でも1 kV程度である．コンデンサに利用されている誘電体の種類はさまざまであるが，その比誘電率は普通10以下であり，静電容量は10 mF以下である．整流回路などで平滑用コンデンサとしてよく使われるアルミニウム電解質コンデンサ（アルミニウム薄膜表面に形成した酸化被膜を誘電体として利用）のエネルギー密度は，0.01～0.1 Wh/kg程度であり，4.7.4項で述べた二次電池の1000分の1程度のきわめて小さな値である．このことからもわかるように，従来のコンデンサはエネルギー密度が低すぎるため，大容量電力貯蔵への応用は行われていなかった．

近年，エネルギー密度を従来のコンデンサに比べ飛躍的に増大させたコンデンサとして，**電気二重層コンデンサ**（electric double layer capacitor，EDLC）が注目されている（スーパーキャパシタ，ウルトラキャパシタとも呼ばれる）．電気二重層とは，2つの異なる相（たとえば金属電極と電解質溶液）が接する界面において，分子サイズレベルのきわめて短い距離を隔てて正電荷

と負電荷が対向して配列した状態を指す．最初に電気二重層を提唱したヘルムホルツ（Helmholtz）は，図4.22のような電気二重層モデルを提案した．同モデルでは，電極の電荷が形成する電界によって電解質溶液中の逆極性イオンが引きつけられ，電極表面から一定の距離に逆極性イオンが配列するとしており，これを平板コンデンサモデルと呼ぶ．実際には，溶液中のイオン分布はその熱運動によっても影響を受けるため，電極からの距離に依存して変化する（拡散電気二重層）．1950年代に米国において提案され，1970年代にわが国で製品化された電気二重層コンデンサは，以下のような特徴を有している．

(ⅰ) 静電容量が1〜100F程度であり，他のコンデンサに比べて格段に大きい．図4.22の平板コンデンサモデルによれば，その静電容量は電極間距離に反比例しかつ電極面積に比例して増大する．電気二重層コンデンサでは電気二重層の厚さがコンデンサ電極間距離に相当し，10nmオーダーときわめて小さい．さらに電極材料として比表面積が1000 m^2/g を超える活性炭を用いることで，電極の実効的な表面積を大きくすることができる．これらの理由で，きわめて大きな静電容量が得られる．

(ⅱ) 電気二重層コンデンサでは充放電に伴って電解質イオンが溶液内を移動し電極界面に物理的に吸脱着するだけである．このため，電極での

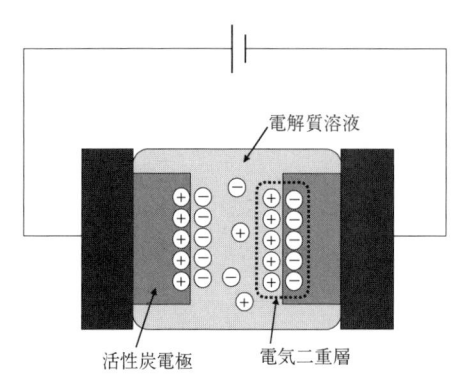

図4.22 電気二重層コンデンサ

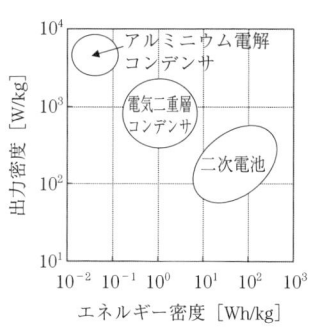

図4.23 アルミニウム電解コンデンサ，電気二重層コンデンサ，二次電池のラゴーンプロット

電気化学反応を伴う二次電池と比較すると特性の劣化が少なく，数百万サイクルの充放電が可能．
（iii）　出力密度が高く，大電流通電による急速充放電が可能．
（iv）　二次電池のように環境に有害な重金属（たとえば鉛）を必要としないため，環境負荷が小さい．

　アルミニウム電解コンデンサ，電気二重層コンデンサ，二次電池のエネルギー密度と出力密度の関係（ラゴーン（Ragone）プロット）を示すと図 4.23 のようになる．近年では，充放電用のパワーエレクトロニクス回路の進歩などによって，鉛蓄電池に近い数 Wh/kg オーダーのエネルギー密度をもつ電気二重層コンデンサが実用化されている．出力密度が高いことを利用して，UPS やガソリンエンジンと電気モータの両方を駆動装置として備えたハイブリッド自動車用の蓄電装置としての応用が特に注目されている．

演 習 問 題

4.1 図 4.7 (a) の三相 3 線方式の電力系統を，図 4.8 の三相一括等価回路を用いて単相回路として表す場合，(4.1) 式で表される三相分の送電電力と同じ電力を単相回路で表すためにはどのようにすればよいか．

4.2 送電損失率と力率を一定に保ったまま送電電力を 4 倍にするためには，送電電圧と送電電流を何倍にする必要があるか．

4.3 (1.2) 式から明らかなように，送電電力を大きくするためには，送電電圧と送電電流を大きくすればよい．この場合，電圧と電流の上限はおもにどのような要因によって決まるか．

4.4 インダクタンス $L=5$ H の超伝導コイルと永久電流スイッチ（$R=0$）からなる閉回路に，電気エネルギーを永久電流モード貯蔵している．時刻 $t=0$ で永久電流スイッチを開放し（$R=\infty$），コイルに直列に接続された抵抗負荷 $r=10$ Ω にエネルギーを転送する場合，超伝導コイルの貯蔵エネルギーが初期値の 50% にまで減少するのに要する時間を求めよ．

参 考 図 書

宅間　董・高橋一弘・柳父　悟編：電力工学ハンドブック，朝倉書店（2005）．
赤崎正則・原　雅則：電気エネルギー工学，朝倉書店（1986）．
嶋田隆一監修・佐藤義久著：図説電力システム工学，丸善（2002）．
道上　勉：発電・変電（改訂版），電気学会（2002）．
小池東一郎編・大窪　協他著：大学課程　電力発生工学，オーム社（1982）．
電気学会通信教育会：発変電工学（改訂版），電気学会（1983）．
武藤三郎・野畑金弘：発電工学，朝倉書店（1975）．
桂井　誠：基礎エネルギー工学，数理工学社（2002）．
村山康宏・長谷川　淳：電力工学，森北出版（1987）．
饗庭　貢：電気エネルギー応用，コロナ社（1992）．
田沼静一：エネルギー変換，裳華房（1991）．
埴野一郎編・千野幸雄他著：大学課程　発変電工学，オーム社（1981）．
上之園　博編：超電導発電機，オーム社（2004）．
藤城敏幸：新編物理学，東京教学社（1995）．
大山　彰：原子力工学，オーム社（1971）．
榎本聡明：わかりやすい原子力発電の基礎知識，オーム社（1996）．
電気書院編集部編：最新電験ハンドブック，電気書院（1977）．
電気学会編：電気工学ハンドブック，電気学会（2001）．
浅田忠一・大山　彰他監修：新版原子力ハンドブック，オーム社（1989）．
新井信夫：電験二種実践攻略　機械，オーム社（2004）．
早苗勝重：電験二種実践攻略　電力，オーム社（2000）．
電験問題研究会編：発変電所の計算演習，電気書院（1978）．
山本晋也：電験第二種一次試験標準テキスト，電気書院（2001）．
曽根　悟他編：図解電気の大百科，オーム社（1995）．
（財）省エネルギーセンター編：エネルギー管理士試験電気分野直前対策，（財）省エネルギーセンター（2008）．

阿部剛久編・松下　潤・黒沢俊雄・君島真仁著：これからのエネルギーと環境，共立出版（2005）．

吉川栄和・八尾　健・垣本直人：発電工学，電気学会（2003）．

山崎耕造：トコトンやさしいエネルギーの本，日刊工業新聞社（2005）．

小林光一・高橋政志：図解雑学　燃料電池，ナツメ社（2003）．

電気学会編・長谷川　淳・大山　力・三谷康範・斉藤浩海・北　裕幸著：電力系統工学　電気学会大学講座，電気学会（2002）．

関根泰次編・豊田淳一・長谷川　淳・原　雅則・松浦虔士著：現代電力輸送工学，オーム社（1992）．

高橋　寛監修・福田　務・大島輝夫・相原良典著：絵ときでわかる電気エネルギー，オーム社（2005）．

演習問題解答

〔第1章〕

1.1 (1) 速度 v [m/s] で運動する質量 m [kg] の物体がもつ運動エネルギー W_K [J] は

$$W_K = \frac{1}{2}mv^2$$

で与えられる．したがって，

$$W_K = \frac{1}{2} \times 1000 \times \left(\frac{72 \times 10^3}{60 \times 60}\right)^2 = 200 \times 10^3 \text{ [J]} = 200 \text{ kJ}$$

となる．

(2) 地上 h [m] の高さにある質量 m [kg] の物体がもつ位置エネルギー W_P [J] は，重力加速度を g [m/s²] とすると，

$$W_P = mgh$$

で与えられる．$g = 9.8$ m/s² であるから，

$$W_P = 500 \times 9.8 \times 10 = 49 \times 10^3 \text{ [J]} = 49 \text{ kJ}$$

となる．

(3) 角速度 ω [rad/s] で回転する半径 R [m]，質量 M [kg] の円板がもつ回転運動エネルギー W_R [J] は，例題1.1において $\pi R^2 L \rho = M$ であることから，

$$W_R = \frac{1}{4}MR^2\omega^2$$

で与えられる．毎分120回転で回転する円板の角速度 ω [rad/s] は，

$$\omega = \frac{120 \times 2\pi}{60} = 4\pi$$

であるから，

$$W_R = \frac{1}{4} \times 5 \times 2^2 \times (4\pi)^2 = 789 \text{ J}$$

となる．

1.2 ① B ② A ③ E ④ A ⑤ C ⑥ A ⑦ E ⑧ C ⑨ F ⑩ A

1.3 必要な熱エネルギー Q は，氷の融解，水の 0°C から 100°C への温度上昇，そして 100°C での水の蒸気化に必要なエネルギーの和で与えられるから

$$Q = 500 \times 80 + 500 \times 1 \times (100-0) + 500 \times 539 = 359500 \text{ cal} \approx 360 \text{ kcal}$$

となる．一方，表 1.2 より，1 kWh = 860 kcal であるから，必要な電力量 W は，

$$W = 360/860 = 0.42 \text{ kWh}$$

となる．

　（参考）　たとえば，500 kg の氷が水になる状態変化には，$500 \times 10^3 \times 80 = 40000$ kcal = 46.5 kWh のエネルギーを必要とする．このエネルギーを冷房の熱源（冷熱）に利用するのが氷蓄熱システムである．

1.4 内側の円柱導体の中心から x だけ離れた点の電界 E [V/m] と磁界 H [A/m] の大きさは

$$E(x) = \frac{V}{x \ln(R_2/R_1)}, \quad H(x) = \frac{I}{2\pi x}$$

であるから，(1.2) 式より電力 P [W] は次式で与えられる．

$$P = \int_{R_1}^{R_2} EH \, 2\pi x \, dx = \int_{R_1}^{R_2} \frac{VI}{x \ln(R_2/R_1)} dx = \frac{VI}{\ln(R_2/R_1)} [\ln x]_{R_1}^{R_2} = VI$$

1.5 いずれの発電所も出力 100 万 kW，効率 40% であるので，これを 1 年間 (365 日) 連続して運転するのに必要な一次エネルギー W は，

$$W = 100 \times 10^4 \times 24 \times 365 \times \frac{100}{40} = 2.19 \times 10^{10} \text{ [kWh]}$$

表 1.2 より，1 kWh = 3600 kJ = 3.6 MJ であるから，必要な石油の重量 M はその発熱量を考慮して

$$M = \frac{2.19 \times 10^{10} \times 3.6}{45} = 1.75 \times 10^9 \text{ [kg]} = 1.75 \times 10^6 \text{ [t]} \quad (175 万 t)$$

その他の燃料についても同様に求めることができ，石炭 315 万 t，LNG 143 万 t，濃縮ウラン 32 t となる．

1.6 ①日本（エネルギー輸入依存度が高い），②米国（一次エネルギー供給量が多い），③中国（一次エネルギーの石炭依存度が高い），④フランス（一次エネルギーの原子力依存度が高い）

1.7 (1)　経済成長⇔エネルギーの安定供給

　経済成長には多量のエネルギー消費が必要であり，これが化石燃料などの非循環エネルギーの枯渇を招く．

(2)　エネルギーの安定供給⇔環境保全

　主要な一次エネルギーである化石燃料の燃焼によって多量の CO_2 が大気中に

放出・蓄積され，地球温暖化の進行が加速する．
　(3)　環境保全⇔経済成長
　環境保全を重視することになれば，現状では主要な一次エネルギーである化石燃料の消費量を抑制せざるを得ない．その結果，経済活動に必要なエネルギー源を確保することが困難となり経済成長の妨げとなる．

〔第2章〕
2.1　速度水頭と圧力水頭の基本式より，次式が成立する．$h_p = P/w_g$, $h_t = h_p + h_v = P/w_g + v^2/(2g)$, $h_T - h_p = v^2/(2g)$ より，$v = \sqrt{2g(h_t - h_p)}$ が，また $h_p = P/w_g$ より，$P = (w_g) \cdot h_p$ が計測可能である．さらに，S が既知であれば，$Q = S \cdot v$ より，流量も計測できる．なお，上式の関係は理想的な場合であるから，実際の場合には，ピトー管固有係数 c を用いて，次のように補正される．
$$v = c \cdot \sqrt{2g(h_t - h_p)} = c \cdot \sqrt{2g \cdot h_v}$$
　(参考)　圧力 P_w の単位として，[kg重/cm² = kgf/cm² = kgw/cm²] が使用される場合，その圧力水頭 H_p [m] は次式で表される．$H_p = 10 P_w$ [m]

2.2　流域面積 $A = 200 \text{ km}^2 = 200 \times 10^6$ [m²]，総降水量 $h = 1800$ mm $= 1.8$ m，流出係数 $\gamma = 0.7$，そして1年間の時間 $t = 3600 \times 24 \times 365$ s であるから，年平均流量 Q_a [m³/s] は
$$Q_a = \frac{Ah\gamma}{t} = \frac{200 \times 10^6 \times 1.8 \times 0.7}{3600 \times 24 \times 365} = 7.99 \text{ m}^3/\text{s}$$
となる．渇水量は Q_a の3分の1であるから2.66 m³/s となる．

2.3　有効落差 H [m] は，開きょの導水路での損失落差を考慮して，$H = 150 - ((1/1000) \times 2000 + 3) = 145$ m となる．よって，最大出力 P_M は，$P_M = 9.8 QH\eta = 9.8 \times 40 \times 145 \times 0.84 = 4.77 \times 10^4$ [kW] となる．
　次に，年間発電電力量 W は，年負荷率＝(平均電力 P_a/最大電力 P_M) $= 0.65$ から，$W = $ 平均電力×時間 $= P_M \times 0.65 \times (24 \times 365) = 2.72 \times 10^8$ [kWh] となる．

2.4　周波数 f は水車の回転速度 N に比例することから，$N = kf$ とおける．ここで，k は比例定数である．よって，発電機出力 P_1 から P_2 への変化で，周波数が f_1 から f_2 へ変化する場合の速度調定率 R は次式で与えられる．
$$R = \frac{f_2 - f_1}{P_1 - P_2} \times \frac{P_n}{f_n} = \frac{60.4 - 60}{50000 - P_x} \times \frac{50000}{60} = 0.04$$
上式より，発電機出力は $P_x = 41667$ kW へ低下する．

2.5　負荷が変化しないことより，負荷に供給される有効電流 I_e と無効電流 I_i は不変である．$I_e = 1000 \times 0.8 = 800$ A，$I_i = 1000 \times 0.6 = 600$ A，A機を励磁しない前は，両機が同一定格であることから，両機はそれぞれ同じ有効電流400 A と無

効電流 300 A を分担する.

　A 機の励磁電流を増加すると，次式を満たす無効電流 I_{iA} が増加するが，有効電流は変化しない．$I_{iA}=\sqrt{600^2-400^2}=447$ A，一方，B 機の無効電流 I_{iB} は，$I_i=I_{iA}+I_{iB}=600$ より，$I_{iB}=153$ A となる．よって，B 機の負荷電流 I_B は $I_B=\sqrt{400^2+153^2}=428$ A となる．したがって，A と B 機の力率は，それぞれ $\cos\theta_A=400/600=0.667$ と $\cos\theta_B=400/428=0.935$ となる．

2.6　1 kmol の水蒸気［H_2O］の質量 m は 18 kg である．よって，蒸気の密度 ρ_c は $\rho_c=m/V_c=18/0.0561=321$ kg/m^3 となる．このことは室温の水（1000 kg/m^3）より臨界点の高温の水または蒸気の比重が小さく軽いことを意味する．

2.7　100℃の飽和水蒸気が 100℃の飽和水になる等温変化では，放熱によりエントロピーが $S_1=-Q/T=-2.258\times10^6/373=-6.05\times10^3$［J/(kg・K)］ほど減少する．

　さらに，100℃の飽和水が 0℃の水になる等圧変化では，放熱によりエントロピーが，$S_2=-C_P\int_{273}^{373}dT/T=-C_P\ln(373/273)=-1.306\times10^3$［J/(kg・K)］ほど減少する．よって，$S_1+S_2=-7.36\times10^3$［J/(kg・K)］ほどエントロピーが減少する．

2.8　この図で，給水ポンプ前後のエンタルピーは $h_1\fallingdotseq h_2$ と仮定し，26℃の復水から $h_1\fallingdotseq h_2=26$ kcal/kg となる．

　ランキンサイクルは①②③④⑤①の熱サイクルに対応するので，その熱効率 η_R は次式で求まる．

$$\eta_R=\frac{h_3-h_5}{h_3-h_1}\times100=43.9\%$$

再熱サイクルは①②③④⑥⑦①の熱サイクルに対応するので，その熱効率 η_{reh} は次式で求まる．

$$\eta_{\mathrm{reh}}=\frac{(h_3-h_4)+(h_6-h_7)}{(h_3-h_1)+(h_6-h_4)}\times100=45.7\%$$

この結果から，再熱サイクルによって $(45.7-43.9)=1.8\%$ ほど効率が改善されることがわかる．

2.9　1 日の発電量は $W_h=$（最大出力）×（負荷率）×（24 時間）$=10\times10^3$［kW］×0.5 ×24=120×10^3［kWh］で，また石炭燃焼による発熱量は $Q=$（1 kg の発熱量 H）×（重量 B）$=6000\times100\times10^3=6\times10^8$［kcal］である．

　発電端熱効率 η_{gen} は $\eta_{\mathrm{gen}}=(860 W_h/Q)\times100=17.2\%$ で，また燃料消費率は $B/W_h=10^5/(1.2\times10^5)=0.833$ kg/kWh である．

2.10　過速度トリップする回転数 N は，定格同期回転数 N_s の 1.1 倍である．よって，$N=1.1\times N_s=1.1\times(120 f/p)=1.1\times(120\times60/2)=3960$ rpm となる．

2.11　中性子の吸収で質量数は 232 から 233 へ変換される．原子番号 90 から 92 へ

増やすには原子核内の中性子を2個陽子へ変換する必要がある．よって，2回のβ崩壊を必要とする．

2.12 ①燃料の減損での発生中性子の減少による反応度の低下，②核分裂生成物 $^{135}_{54}\text{Xe}$，$^{149}_{95}\text{Am}$ の蓄積での毒作用の中性子吸収による反応度の低下，③核燃料の温度上昇に伴うドプラー効果で中性子の共鳴吸収の増加による反応度の低下である．

2.13 BWR は炉心冷却水の循環水量を調整する炉外に設置した再循環ポンプで行う．PWR は一次冷却水中のホウ素濃度の調整で行う．

2.14 原子力発電のタービン蒸気は火力発電の高温高圧の過熱蒸気に対して，温度の低い飽和蒸気であるため，湿分を含む．よって，同一出力に対して原子力発電のタービンは，火力発電のものより約2倍の蒸気量を要するとともに，その回転数が 1/2 である．一方，原子炉発電用の発電機は火力発電用の2極の同期発電機に対して，4極で回転子直径が約 1.5 倍，重量が約2倍と大型となる．

2.15 熱中性子束を ϕ，核分裂断面積を σ_f とすると，核分裂回数 F は，$F = N_U \cdot \phi \cdot \sigma_f = N_U$ [個/m³]$\cdot 4.6\times 10^{17}$ [個/m²·s]$\times 582\times 10^{-28}$ [m²]$= N_U \times 2.68\times 10^{-8}$ [回/m³·s] となる．

次に，核分裂でのウランの減少は $dN_U/dt = -F$ で表現でき，$t=0$ で $N_U = N_{U0}$ とすると，$N_{U0}/3 = N_{U0}\exp(-2.68\times 10^{-8} T)$ が成立する．よって，$T = 4.10\times 10^7$ [s]$=11386$ 時間$=474$ 日となる．

〔第3章〕

3.1 入射面から x [cm] の距離における光強度 I は，入射面の光強度を I_0，吸収係数を μ とすると次式で与えられる（ランベルト・ベールの法則）．

$$I(x) = I_0 e^{-\mu x}$$

波長 λ_1 の光が入射強度の 20% に減衰する入射面からの距離を L_1 [cm] とすると，

$$\frac{I(L_1)}{I_0} = 0.2 = e^{-\mu_1 L_1}$$

であるから，

$$L_1 = \frac{\ln(0.2)}{-10^3} = 1.61\times 10^{-3} \text{ [cm]} = 16.1 \ \mu\text{m}$$

となる．同様にして，波長 λ_2 の光が入射強度の 20% に減衰する距離は，$L_2 = 1.61 \ \mu\text{m}$ となる．以上の結果より，長波長の光はシリコン表面からより深く侵入することがわかる．

3.2 開放時には負荷電流は流れない．よって，$I=0$ を満たす条件の端子電圧が開放電圧 V_0 であるから，

より
$$I = 0 = I_{sh} - I_0(e^{qv/nkT} - 1)$$

$$e^{qv/nkT} = \frac{I_{sh}}{I_0} + 1$$

であるから開放電圧 V_0 は

$$V_0 = \frac{nkT}{q} \ln\left(\frac{I_{sh}}{I_0} + 1\right)$$

となる．

3.3 (1) 動作原理

二酸化チタン，有機色素，ヨウ素溶液から構成されるセル（容器）内部の電気化学反応を利用して発電を行う．このため，別名「湿式太陽電池」とも呼ばれる．透明電極上にナノサイズの多孔質二酸化チタン粒子を堆積させ，光吸収効率を高めるためその表面に有機色素分子を吸着させる（色素増感）．色素分子の光励起によって発生した電子と正孔によってヨウ素イオンの酸化還元反応を発生させて電気的出力を得る．

(2) 特徴

（i） 色や形状の自由度が高く，プラスチック基板を使えばフレキシブルで軽量にできる → シリコン系に比べ設置場所の自由度が高い

（ii） 構造が単純で高価な製造装置が不要なため，シリコン系に比べ低コスト

（iii） 発電効率はシリコン系よりも低い（10%以下）

3.4 図3.6およびその説明を参照．

3.5 ローターの角速度を ω [rad/s]，半径を R [m] とすると，(3.3) 式より，

$$5 = \frac{\omega R}{10}$$

$$\therefore \omega = \frac{50}{R} = \frac{50}{20} = 2.5$$

となるから，ローター回転数は

$$\frac{\omega \times 60}{2\pi} = \frac{2.5 \times 60}{2\pi} \cong 24 \text{ rpm}$$

である．

3.6 (1) ファラデーの電気分解の法則より，燃料極で消費される水素イオンのモル数 m [mol]，ファラデー定数 F [kC/mol]，理論的電気量 Q [kC]，イオン価数 Z の間には次の関係が成立する．

$$Q = mFZ$$

水素ガス分子 H_2 1 mol からは 2 mol の水素イオン H^+ が発生するので $m=2$ であり，水素イオンの価数は $Z=1$ なので

$$Q = 2 \times 96.5 \times 1 = 193 \text{ kC}$$

となる.
   (2) 理論的電気エネルギー W_E [J] は次式で与えられる.

$$W_E = QE_0$$

したがって,

$$W_E = 193 \times 10^3 \times 1.23 \cong 237 \text{ kJ}$$

となり,これは (3.7) 式の ΔG に等しいことがわかる.

3.7

	高速増殖炉	軽水炉
核分裂性物質	^{239}Pu	^{235}U
中性子	高速中性子	熱中性子
冷却剤	金属ナトリウム	水(軽水)

3.8 代表的な核融合反応である,重水素 D と三重水素 T の反応 (D-T 反応) の場合,D は海水 30 *l* 中に約 1 g 含まれており,無尽蔵と考えてよい.T は天然には存在しないが,天然に豊富に存在するリチウム (Li) に中性子を吸収させることで作り出すことができる.したがって核融合発電が実現すれば,発電用一次エネルギー枯渇の問題は解決すると考えられており,これが「究極の発電技術」と呼ばれる理由である.

〔第4章〕

4.1 (4.1) 式において,電圧 V_3 は相電圧である.三相平衡回路では,相電圧 V_3 と線間電圧 V_L の間に

$$V_L = \sqrt{3} \, V_3$$

なる関係がある.そこで,電流についても

$$I_L = \sqrt{3} \, I_3$$

なる関係を満たす電流 I_L を新たに定義し,力率についてはもとの三相回路と同じ $\cos \phi_3$ になるように選べば,

$$P_3 = 3 \, V_3 I_3 \cos \phi_3 = \sqrt{3} \, V_3 \sqrt{3} \, I_3 \cos \phi_3 = V_L I_L \cos \phi_3$$

となり,単相で元の三相回路と同じ有効電力を表現できることになる.無効電力についても同様である.
   (参考) 三相 3 線式交流送電線の送電電圧 (UHV なら 500 kV) は,線間電圧で表すことになっている.

4.2 (1.6) 式より,送電電力は送電電圧,電流の両方に比例する. (4.7), (4.9) 式より,送電損失率を一定に保つには送電電圧と送電電流の比を一定に保つ必

要があるので，送電電圧と送電電流をともに2倍にすればよい．

4.3 送電電圧の上昇に比例して，送電線周囲に形成される電界強度が上昇する．送電線周囲の絶縁物（架空送電線の場合は空気，電力ケーブルの場合は油や固体高分子）中の電気伝導現象は，外部電界に対して著しい非線形性を示し，電界がある臨界値以上になると導電性が著しく高くなる（電気絶縁破壊現象）．電気絶縁破壊が発生すると，送電線はその送電電圧を維持できなくなるので，これが電圧の上限値を決定する要因となる．

これに対し，送電電流の上昇は，送電線の電気抵抗によるジュール発熱を増大させる．ジュール発熱により送電線温度が上昇すると導体金属が熱膨張し，架空送電線の場合は送電線の垂れ下がりや機械的強度の低下を招く．このように，送電電流の上限は送電線の温度上昇によって決まる．

4.4 スイッチ開放後から時刻 t に回路に流れる電流 $i(t)$ は次式で表される．
$$i(t) = i_0 e^{-t/\tau}$$
ただし，i_0：スイッチ開放直前の回路電流，τ：時定数 $=L/r$ である．

(1.8) 式より，超伝導コイルの貯蔵エネルギーは電流 i の2乗に比例するので題意より
$$\left(\frac{i}{i_0}\right)^2 = e^{-2t/\tau} = e^{-4t} = \frac{1}{2}$$
これを解いて，$t \approx 0.17$ s を得る．

付　　　録

a. 国際単位系（SI）

MKSA 単位（長さ m，質量 kg，時間 s，電流 A）系の 4 個の単位に，熱力学的温度ケルビン（K），物質量モル（mol），光度カンデラ（cd），角度の基本量（補助単位）の平面角ラジアン（rad）と立体角ステラジアン（sr）の 5 個を加えた 9 個の基本単位で構成される国際単位系（Système International d'Unités：略称 SI）が，

固有の名称をもつ SI 組立単位

物理量	名称	記号	他の SI 単位による表現	SI 基本単位による表現
周波数	ヘルツ	Hz		s^{-1}
力	ニュートン	N		$kg \cdot m/s^2$
圧力，応力	パスカル	Pa	N/m^2	$kg/(s^2 \cdot m)$
エネルギー，仕事，熱量	ジュール	J	$N \cdot m$	$kg \cdot m^2/s^2$
仕事率，電力	ワット	W	J/s	$kg \cdot m^2/s^3$
電荷，電束	クーロン	C		$A \cdot s$
電圧，起電力	ボルト	V	W/A	$kg \cdot m^2/(s^3 \cdot A)$
静電容量（キャパシタンス）	ファラド	F	C/V	$A^2 \cdot s^4/(kg \cdot m^2)$
電気抵抗	オーム	Ω	V/A	$kg \cdot m^2/(s^3 \cdot A^2)$
コンダクタンス	ジーメンス	S	A/V	$s^3 \cdot A^2/(kg \cdot m^2)$
磁束	ウェーバ	Wb	$V \cdot s$	$kg \cdot m^2/(s^2 \cdot A)$
磁束密度	テスラ	T	Wb/m^2	$kg/(s^2 \cdot A)$
インダクタンス	ヘンリー	H	$Wb/A = V \cdot s/A$	$kg \cdot m^2/(s^2 \cdot A^2)$
光束	ルーメン	lm		$cd \cdot sr$
照度	ルクス	lx	lm/m^2	$cd \cdot sr/m^2$
放射能	ベクレル	Bq		s^{-1}
吸収線量	グレイ	Gy	J/kg	m^2/s^2
線量当量	シーベルト	Sv	J/kg	m^2/s^2

SI接頭語

倍数	接頭語	記号	倍数	接頭語	記号
10^{21}	ゼタ	Z	10^{-1}	デシ	d
10^{18}	エクサ	E	10^{-2}	センチ	c
10^{15}	ペタ	P	10^{-3}	ミリ	m
10^{12}	テラ	T	10^{-6}	マイクロ	μ
10^{9}	ギガ	G	10^{-9}	ナノ	n
10^{6}	メガ	M	10^{-12}	ピコ	p
10^{3}	キロ	k	10^{-15}	フェムト	f
10^{2}	ヘクト	h	10^{-18}	アト	a
10	デカ	da	10^{-21}	ゼプト	z

ギリシャ文字

大文字	小文字	読み	大文字	小文字	読み
A	α	アルファ	N	ν	ニュー
B	β	ベータ	$\varXi$	ξ	グザイ
$\varGamma$	γ	ガンマ	O	o	オミクロン
$\varDelta$	δ	デルタ	$\varPi$	π	パイ
E	ε	イプシロン	P	ρ	ロー
Z	ζ	ゼータ	$\varSigma$	σ	シグマ
H	η	イータ	T	τ	タウ
$\varTheta$	θ	シータ	$\varUpsilon$	υ	ウプシロン
I	ι	イオタ	$\varPhi$	ϕ	ファイ
K	κ	カッパ	X	χ	カイ
$\varLambda$	λ	ラムダ	$\varPsi$	ψ	プサイ
M	μ	ミュー	$\varOmega$	ω	オメガ

1960年に国際度量衡総会で採択された．これらの単位を用いれば固有の名称をもつ物理量の単位が，表のようにSI単位で表現できる．

b. 物理定数

物理定数表

物理定数の用語名	記号	数値と単位
重力の加速度（北緯45°）	g	9.80665 m/s^2
万有引力定数	G	6.67259×10^{-11} [N·m^2/kg^2]
1気圧	p_0	1.01325×10^5 [Pa] $=1013.25$ mbar
熱の仕事当量	J	4.18605 J/cal
理想気体の体積（0°C，1気圧）	V_0	2.241410×10^{-2} [m^3/mol] $=22.41410$ l
気体定数，モルガス定数	$R=kN_A$	8.314510 J/(K·mol)
アボガドロ数	N_A	6.022136×10^{23} [mol^{-1}]
ボルツマン定数	k	1.380658×10^{-23} [J/K]

ステファン・ボルツマン定数	σ	5.67051×10^{-8} [W/(m²·K⁴)]
ファラデー定数	$F=eN_A$	96485.30 C/mol=26.80147 Ah/mol
真空中の光速	c	2.997924×10^{8} [m/s]
真空中の誘電率	ε_0	8.854187×10^{-12} [F/m]
真空中の透磁率	μ_0	1.256637×10^{-8} [H/m]
プランク定数	h	6.626075×10^{-34} [J·s]
電気素量,素電荷	e	1.602177×10^{-19} [C]
電子の静止質量	m_e	9.109389×10^{-31} [kg]
電子の比電荷	e/m_e	1.758819×10^{11} [C/kg]
1電子ボルト	1 eV	1.602177×10^{-19} [J]
電子のコンプトン波長	λ	2.426310×10^{-12} [m]
ボーア半径	a_B	5.291772×10^{-11} [m]
古典電子半径	r_e	2.817940×10^{-15} [m]
原子質量単位	u	1.660540×10^{-27} [kg]
陽子の静止質量	m_p	1.672623×10^{-27} [kg]
中性子の静止質量	m_n	1.674928×10^{-27} [kg]
0℃の絶対温度	T_0	273.15 K

c. 慣用単位の相互換算

(1) 圧力

1 atm=760 mmHg=760 Torr (トール)=10.33 mH₂O=1.013 bar
　　　=1.0339 kgf/cm²=1.01325×10⁵ [Pa]=1013.25 hPa=1013.25 mbar

(2) 電力・仕事率

1 W=1 J/s=1 N·m/s=0.85999 kcal/h=1.3596×10⁻³ [PS]

(3) エネルギー・電力量

1 kWh=860 kcal=3600 kJ

1 Q (クアド)=10¹⁸ BTU (ブリティシュサーマルユニット)
　　　　　=10¹³ therm (サーム)=1.05526×10¹⁸ [kJ]

(4) 発熱量換算

わが国では1 kWh の電力量を発生するのに必要な熱エネルギーは,発電・送電効率などを考慮して今日 9970 kJ (変換効率 36.1%) とされる. また,熱量 1000 万 kJ は石油 0.258 kl に換算される.

石油換算 1 kl=9.25×10⁶ [kcal]=1.08×10⁴ [kWh]=3.87×10⁷ [kJ]
石炭換算 1 t=6.90×10⁶ [kcal]=0.803×10⁴ [kWh]=2.89×10⁷ [kJ]
液化天然ガス 1 t=1.30×10⁷ [kcal]=1.51×10⁴ [kWh]=5.45×10⁷ [kJ]

d. 電気設備・エネルギー関係の資格

(1) 電気工事士

電気工事の欠陥による災害の発生を防止するために,電気工作物の電気工事の作業に従事する者の資格が電気工事士法で定められている.

第二種電気工事士： 600ボルト以下で受電する住宅，小規模な店舗，事業所等の一般電気工作物の電気工事

第一種電気工事士： 第二種電気工事士の範囲に加えて最大500キロワット未満の工場，ビル等の需要設備である自家用電気工作物の電気工事

［資格取得］ 筆記試験と技能試験の試験合格者（資格制限なし）と筆記試験免除対者（電気主任技術者免状取得者，学校で電気工事士法の定める課程を修めた者）で技能試験に合格した者である．なお，第一種電気工事士は，試験合格者で電気工事の実務経験を有する者のみが都道府県知事へ免状交付を申請できる．

(2) **電気主任技術者**

電気保安の確保の観点から，事業用（電気事業用（電力会社など）と自家用（工場など））電気工作物の設置者は，電気工作物の工事，維持及び運用に関する保安の監督をさせる電気主任技術者を選任しなくてはならないことが，電気事業法で定められている．

第三種電気主任技術者： 構内に設置する5万ボルト未満の事業用電気工作物及び構内以外の場所に設置する5千ボルト未満の事業用電気工作物（出力5千キロワット以上の発電所を除く）を対象に監督

第二種電気主任技術者： 構内に設置する17万ボルト未満の事業用電気工作物及び構内以外の場所に設置する2万5千ボルト未満の事業用電気工作物を対象に監督

第一種電気主任技術者： 全ての事業用電気工作物を対象に監督

［資格取得］ 理論，電力，機械，法規の4科目の筆記試験を全て合格した者，及び所定の単位を修得して認定校を卒業しかつ所定の実務経験を修得した者は経済産業大臣へ免状交付申請できる．なお，第一種と第二種電気主任技術者の筆記試験には，一次試験と二次試験があり，一次試験合格者のみが二次試験を受験できる．受験希望者は資格制限がなく，また実務経験も必要ない．

(3) **エネルギー管理士**

エネルギーの使用の合理化に関する法律と命令（省エネ法）で，エネルギーの年間の石油換算エネルギー使用量が一定量以上の工場（第一種エネルギー管理工場3000 kl以上，第二種エネルギー管理工場1500 kl以上）では，エネルギー管理者（エネルギー管理士，エネルギー管理員）を選任せねばならない．特に，第一種エネルギー管理工場で第一種特定事業者（製造，電気供給，鉱業，ガス供給業，熱供給業）は，エネルギー管理士免状の交付を受けている者からエネルギー管理者を選任せねばならない．

エネルギー管理士： エネルギーの使用方法の改善と管理，合理化の目標を計画し取り組む措置，及び消費する設備の維持等を実施する．さらに，経済産業省令で定めるエネルギーの中長期的な計画，使用状況，及び設備の設置と改廃の状況等の報告作成と提出である．

［資格取得］　エネルギー総合管理と法規（共通），電気の基礎，電気設備及び機械，電力応用の4科目の筆記試験を全て合格し，かつ1年以上エネルギーの使用の合理化に関する実務経験を有する者は，経済産業大臣へエネルギー管理士免状の交付申請できる．なお，1年以上の実務経験は，筆記試験の前でも後でもかまわない．

(4) 技術士（電気・電子部門）

技術士は，科学技術の専門知識と応用能力及び豊富な実務経験を有し，研究・開発・設計・評価の指導や相談，製品の品質や製造工程の効率改善，プロジェクト計画の策定や管理，事故の原因調査や損害査定などを行う．

［資格取得］　基礎（科学技術全般にわたる基礎知識），適正（技術士等の義務の規定の遵守に関する適正），共通（数学，物理，生物，地学から2科目選択，理系大学卒業者は免除），専門（発送配変電，電気応用，電子応用，情報通信，電気設備）の4科目の第一次試験に合格し，実務経験（技士補4年，技士補に登録しない場合7年以上）を経た後，第二次試験（筆記試験と口頭試問）に合格した者は，社団法人日本技術士会に登録して技術士（電気電子部門）となる．

索　引

欧　文

α 線　97, 106
α 崩壊　106

β 線　97, 106
β 崩壊　106

γ 線　97, 106
γ 崩壊　106

ABWR (advanced boiling water reactor)　108, 112
AC リンク方式　130
APWR (advanced pressurized water reactor)　114
ATR (advanced thermal reactor)　114
AVR (automatic voltage regulator)　54

barn　101
BRICs　1
BWR (boiling water reactor)　108, 111

CANDU (Canadian deuterium uranium reactor)　114
CO_2 排出原単位　96
COP 3　20

DC リンク方式　130
D-T 反応　138

ECCS (emergency core cooling system)　118

FBR (fast breeder reactor)　114, 137
fuel NO_x　80

GDP　22

h-S 線図　68

IAEA (International Atomic Energy Agency)　108
ITER (international thermonuclear experimental reactor)　140

LNG (liquid natural gas)　57
LNG 用ガスバーナ　76

MKSA 単位　175
MOX 燃料　115, 137

NaS 電池　160
NO_x　19, 58
――の低減策　80
NPT (Treaty on the Non-Proliferation of Nuclear Weapons)　108

1 out of 2 twice　118

pn 接合　123
PuO_2　115
P-V 線図　67
PWR (pressurized water reactor)　108

SI 単位系　11, 175
SMES (superconducting magnetic energy storage)　157
SO_x　19, 58
――の低減策　81

TBC (thermal barrier coating)　87

thermal NO_x　80
T-S 線図　67

UF_6 ガス　99
UO_2　115
UPS (uninterruptible power supply)　154

ア　行

アインシュタイン　98
アーチダム　40
圧縮空気エネルギー貯蔵　156
圧力水頭　34
圧力比　71
圧力複式衝動タービン　82
圧力抑制プール　112
アノード (空気極)　132
アボガドロ数　101
亜臨界圧力　78
案内羽根　44
アンモニア接触還元法　80

硫黄酸化物　19
位置エネルギー　32
一次エネルギー　1, 12
一次電池　160
一次冷却水系　112
位置水頭　34
一般水力発電　34
インターナルポンプ方式　112
インバータ　122
インバータ方式　56

ウラン　18, 117
ウラン鉱物資源　115
ウラン同位体　19
ウラン燃料　99
ウラン燃料利用率　114
運動エネルギー　33

永久電流　158

液化天然ガス 57
液体燃料 61
エタノール 16
エネルギー 4
エネルギー管理士 22, 178
円型ランナ 43
エンジン 60
遠心分離法 99
エンタルピー 66
円筒水車 45
エントロピー 67

オイルヒータ 76
オーステナイト系ステンレス鋼 111
オープンサイクル 88
親物質 18, 97
オール電化住宅 2
温室効果 57
温室効果ガス 20
温度効果 110

カ 行

加圧水型軽水炉 108
加圧水型軽水炉発電 112
界磁コイル 7
回転運動 66
回転運動エネルギー 6
回転子 6
ガイドベーン 44
開放サイクル 59
海洋エネルギー 15
海洋温度差発電 15
海流 15
改良型加圧水型軽水炉 114
改良型沸騰水型軽水炉 108, 112
化学エネルギー 10
過給機 60
架空送電線 144
核エネルギー 11
核拡散防止条約 108
核燃料サイクル 116
核燃料棒 109
核分裂 95
核分裂生成物 99
核分裂性物質 18
核分裂反応 18
核融合 95

核融合発電 138
核力 97
化合物系太陽電池 123
かご型誘導発電機 51
可採年数 1, 18
可採埋蔵量 1, 18
華氏温度 64
ガス拡散法 99
ガスタービン発電 56, 58, 88
化石燃料 17, 56
河川流量 37
過速度 90
カソード (燃料極) 131
活物質 159
カドミウム 111
過熱器 58, 78
過熱蒸気 65
可燃性中性子吸収体 109
可能出力曲線 92
カプラン水車 45
可変速運転 55
可変費 94
カーボンニュートラル 17
火力発電 56
火力発電所の制御方式 93
カルノーサイクル 67
火炉 62
乾き度 65
管型空気予熱器 79
慣性閉じ込め 139
慣性モーメント 6, 50
貫流ボイラ 78
管路気中送電線 144

機械式調速機 49
技術士 179
汽水ドラム 77
汽水分離器 77
気体定数 65
気体燃料 61
起動時間 94
ギブスの自由エネルギー 132
逆調整池式発電所 39
逆潮流 123
キャスク 117
キャビテーション 46
キャビテーション係数 46
吸収線量 107
吸出管 45

給水 88
給水加熱器 58
給水処理 88
給水ポンプ 58, 88
キュリー 107
強制循環ボイラ 77
共鳴中性子 102
汽力発電 56
——の効率 74
緊急停止 118
金属ナトリウム 138

空気圧縮機 58
空気過剰率 63
空気強制冷却方式 87
空気比 63
空気予熱器 58
空気量 60
空気冷却 91
クロスコンパウンド型タービン 86
クローズドサイクル 88

軽水 104
ゲージ圧力 64
ケーシング 44
結合エネルギー 98
限界比速度 47
原子核 95, 96
原子核燃料 18
原子質量単位 96
原子力発電 95
——の課題 96
原子力発電用タービン 117
原子炉 99
——の基本構成 108
原子炉格納施設 118
減速材 103, 110
——の種類 108
減速能 104

コイル 9
高圧タービン 85
高位発熱量 62
高温岩体発電 15
高温熱源 66
光化学スモッグ 19, 80
工学的安全施設 118
降水量 37

索　引

高速増殖炉　114, 137
高速中性子　99, 137
高速炉　102
高濃度放射性廃棄物　100
高負荷運転　92
交流励磁方式　54
高レベル放射性廃棄物　117
黒鉛　104
国際原子力機関　108
国際単位系　11, 175
国際熱核融合実験炉　140
国内総生産　22
コジェネレーション　60, 152
固体高分子型燃料電池　134
固体酸化物型燃料電池　134
固体燃料　61, 76
コットレル集じん装置　82
固定費　94
コロナ放電　82
混圧タービン　87
混合酸化物　115
コンデンサ　9
コンバインドサイクル発電　56, 60

サ　行

サイクロコンバータ方式　56
サイクロン集じん装置　81
再循環ポンプ　112
再処理工場　100, 117
再生可能エネルギー　12
再生サイクル　72
再生タービン　86
最大回転速度　50
最大出力　36
最大電力　26
最大電力点追従装置　125
再転換・成型加工工場　116
再熱器　58
再熱サイクル　72
再熱再生サイクル　72
サイリスタ方式　54
サージタンク　42
作動流体　59
3R　21
3E問題　23
産業革命　1
三重水素　138
酸性雨　2, 19, 57, 80

三相3線方式　146
三相同期発電機　51
三相平衡電圧　146
三相誘導発電機　51
散乱断面積　103
ジェットブレーキ　44
ジェットポンプ　112
磁界閉じ込め　139
色素増感（湿式）太陽電池　123
自己点火条件　140
仕事の熱当量　65
仕事率　8, 84
自己励磁作用　53
自然循環ボイラ　77
実在気体　64
実揚程　35
実用熱サイクル　72
質量欠損　95
自動電圧調整装置　54
シーベルト　107
絞り調整法　89
資本費　94
湿り蒸気　65
湿り度　65
車室　86
斜流水車　45
集じん装置　58, 81
集じんホッパ　82
重水　104
重水素　138
周速比　128
重力ダム　40
主蒸気圧力　89
主蒸気止め弁　90
主蒸気弁　78
取水口　40
取水ダム　38
出力係数　90
出力制御　112
循環エネルギー　12
循環ポンプ　78, 87
省エネルギー　21
省エネルギー法　22
蒸気加減弁　89
蒸気乾燥器　111
蒸気強制冷却　87
蒸気消費量　75

蒸気タービン　15, 56, 57, 72, 82, 90, 111
蒸気タービン駆動方式　88
蒸気ドラム　65
蒸気発生器　113
衝撃力　82
常時出力　36
常時せん頭出力　36
照射線量　107
使用水量　35
使用済み核燃料　107, 117, 136
　　――の再処理　114
使用済み核燃料輸送容器　117
状態変化　63
状態方程式　64
衝動水車　43
衝動タービン　82
衝突断面積　101
蒸発管　58
蒸発係数　74
触媒　80
シリコン太陽電池　123
新型転換炉　114
進相運転　92
水圧管　42
水撃作用　42
水車　40, 43
　　――の種類　43
　　――の比速度　47
水車効率　48
水車発電機　51
水素の製造法　135
水素冷却　91
水頭　33
水力エネルギー　14
水力発電システム　31
水冷管壁　77
水冷却　91
水路橋　42
水路式発電所　38
スクラム　118
ストーカ燃焼方式　76
スピーダ　49
スピードリング　44
スマートグリッド　152
スラスト軸受　52
スリップリング　54

索引

制御棒 110
静止型励磁方式 54
制動巻線 92
生物学的しゃへい材 111
生物学的相対有効度 108
生物学的等価線量 107
静翼 82
石炭ガス化コンバインドサイクル発電 60
石炭スラリ燃料 76
石炭専焼火力発電 56
石油火力発電 57
石油危機 25
石灰-石こう法 80
摂氏温度 64
絶対圧力 64
節炭器 58
ゼーベック効果 11
全加減弁 89
線源強度 107
全周噴射法 89
前置冷却器 88
潜熱 62
全揚程 35
線路充電電圧 53

総合発電効率 36
送電 142
送電線 142
送電損失率 149
送電端電力 35
送電端熱効率 75
相当蒸発量 74
総落差 34
速度水頭 34
速度調定率 50
速度複式衝動タービン 82
速度変動率 49
即発中性子 99
損失水頭 34
損失落差 34

タ行

大気汚染 2
大規模集中発電方式 151
太陽エネルギー 12
太陽光発電 121
太陽定数 13
太陽電池 122

大容量再熱タービン 85
脱気器 58
脱硝装置 58
脱調 92
脱硫装置 58
タービン室効率 74
タービン追従制御方式 93
タービン熱効率 74
タービン発電機 90
ダム式発電所 38
ダム水路式発電所 38
タンデムコンパウンド型タービン 85, 118
タンデム式 51
断熱変化 66
断熱膨張 58, 66
短絡比 52

地球温暖化 2, 18, 20
遅相運転 92
地中送電線 144
窒素酸化物 19
地熱エネルギー 15
地熱発電 15, 58
遅発中性子 99
中圧タービン 85
中間子 98
中間貯蔵プール 116
中性子 96
　――と原子核の衝突 101
　――のエネルギー分布 102
チューブラ水車 45
調整池式発電所 39
調速機 47
超々臨界圧力 78
超伝導エネルギー貯蔵 157
超伝導界磁巻線 91
超伝導同期発電機 91
潮流 15
超臨界圧力 78
超臨界状態 65
貯水ダム 38
貯水池式発電所 38
チルチングバーナ 76
沈砂池 40

敦賀1号機 112

低圧タービン 85

定圧比熱 66
定圧力制御方式 89
低位発熱量 62
低 NO_x 石炭バーナ 76
低温熱源 66
定期検査 118
ディスク 43
定積比熱 66
ディーゼル発電機 60
定態安定極限電力 149
低濃縮ウラン 99, 115
低レベル放射性廃棄物 117
鉄機械 52
デフレクタ 44
デリア水車 45
転換工場 116
転換率 100
電気エネルギー 7
電気応用 4
電気工事士 177
電気式調速機 49
電機子コイル 7
電気集じん装置 81
電気主任技術者 178
電気二重層コンデンサ 161
電気方式 146
電子の静止質量 96
電磁誘導起電力 7
電磁誘導則 4
テンダーゲート 40
電池 159
電動機駆動方式 88
電動機入力 36
電力 8
電力化率 2
電力ケーブル 144
電力自由化 28
電力潮流 147
電力貯蔵 153
電力負荷平準化 27

胴 87
等圧変化 67
同位体 97
等エントロピー圧縮温度比 71
等温変化 67
銅機械 90
同期速度 47
同期外れ 92

索　　引

同期発電機　57
導水路　41
動翼　82
トカマク方式　139
毒物質　105
突極型同期発電機　52
トッピングサイクル　60
ドプラー効果　110
ド・ブロイ波動　102
トリウム　18
トリレンマ症候群　23
トルク　84

ナ　行

内燃機関　60
内燃力発電　60
内部エネルギー　66
流れ込み式発電所　38
ナトリウム-硫黄電池　160

二酸化炭素　19
二次エネルギー　12
二次電池　160
二次冷却水系　112
ニードル弁　44
ニュートリノ　100

熱エネルギー　11
熱機関　66
熱交換器　113
熱サイクル　67
熱消費量　75
熱中性子　97
　──の実効増倍率　105
　──の増倍率　104
熱中性子利用率　105
熱電素子　11
熱電併給発電　59，152
熱落差　83
熱力学　63
　──の第1法則　65
　──の第2法則　66
ネルンストの式　133
燃焼ガス　59
燃焼器　58
燃焼反応　62
年負荷率　27
燃料　57
　──の減損　109

燃料集合体　109
燃料消費量　75
燃料電池　131
燃料リサイクル　117

濃縮ウラン　99
濃縮工場　116
ノズル　82
ノズル数　44
ノズル調整法　89

ハ　行

背圧タービン　86
排煙脱硝装置　80
排煙脱硫装置　80
排煙の環境対策　80
バイオガソリン　17
バイオソリッド燃料　77
バイオマスエネルギー　15
配電　142
排熱回収ボイラ　60
バグフィルタ　81
バケット　43
パスカル　64
パーソンズ型反動タービン　83
バックリング定数　105
発電機出力　35
発電機の極数　48
発電機の定格電圧　52
発電計画　94
発電原価　94
発電効率　118
発電所　142
発電端電力　35
発電端熱効率　59，75
発電電力量　35
発電容量　90
バーナ燃焼方式　76
バレル　1，64
半減期　107
反射材　110
反動水車　43
反動タービン　82
反動度　83
反動力　82
バンドギャップ　124

比エンタルピー　66
光起電力効果　124

ピーク負荷型電源　94
非循環エネルギー　12
非常用調速装置　90
非常用炉心冷却設備　118
比速度　47
比体積　65
非突極型同期発電機　118
ヒートポンプ　69
表面復水器　87

ファラデー　4
ファラデー定数　133
ファンデルワールス　64
風況　14
風車　126
　──の出力係数　128
風力エネルギー　13
風力発電　126
風力ファーム　127
フェイルセイフ　118
フェランチ効果　53
富化度　115
負荷平準化　154
負荷変化率　94
復現機構　49
複合核　99
複合発電　56
復水器　58
復水装置　87
復水タービン　86
複流2車室　86
ふげん　114
沸騰水型軽水炉発電　108，111
物理定数　176
不動時間　49
フライホイールエネルギー貯蔵
　155
ブラシレス方式　54
プランク定数　102
フランシス水車　44，51
プラント総括制御方式　93
プルサーマル発電方式　115，
　137
プルトニウム　19，100，117
ブレイトンサイクル　69
プロペラ水車　45
分散型電源　59，151
噴流床燃焼　60

平均対数減衰率 103
閉鎖時間 49
並進運動 66
平水量 37
ベストミックス 21, 94
ベース負荷 57
ベース負荷型電源 94
ヘッドタンク 42
ペルトン水車 43
ベルヌーイの定理 33
変圧運転 78
変電所 142

ボーアモデル 96
ボイラ 57, 77
ボイラ給水ポンプ 88
ボイラ室効率 74
ボイラ・タービンマスタ制御器 93
ボイラ追従制御方式 93
ボイラ内水処理 88
ボイル-シャルルの法則 64
ポインティングベクトル 8, 144
崩壊係数 107
崩壊熱 107
放射性同位元素 97
放射性廃棄物 117
放射接触過熱器 78
放射線 97
放射線量 107
放射能 106
放水口 43
豊水量 37
放水路 40, 42
ホウ素 111
包蔵水力 14
ホウ素濃度 113
放電極 82
飽和蒸気 65
飽和水 65
飽和水蒸気圧 32
星型結線 90
ボトミングサイクル 60
ポンプ水車 43

――の比速度 47
ポンプ水車式 51

マ 行

マイクロガスタービン 152
マイクロガスタービン発電 59
マイクロ風車 127

水の密度 31
密閉サイクル 59
ミドル負荷 57
ミドル負荷型電源 94
美浜1号機 114

無拘束速度 48
無効電力 92, 148
無停電電源装置 154

メタノール 16

モリエ線図 68
もんじゅ 108, 114, 138

ヤ 行

油圧噴射式バーナ 76
有効電力 92, 148
有効落差 34
ユングストローム型空気予熱器 79
ユングストローム型反動タービン 83

陽子の質量 96
揚水式発電 35
揚水用発電電動機 51
陽電子 106
溶融炭酸塩型燃料電池 134
余剰な反応度 109
余水吐き 40
4因子公式 104
4サイクル 60

ラ 行

ラド 107
ランキンサイクル 69

ランナ 44, 51

力学的エネルギー 5
理想気体 64
流況曲線 37
流出係数 37
流動床燃焼 60
流量 32
流量図 37
流量累加曲線 37
理論空気量 62
理論熱効率 68, 69
臨界圧力 65
臨界状態 105
臨界体積 65
臨界点 65
臨界プラズマ条件 140
臨界未満 105
リン酸型燃料電池 133

冷却材 95
――の種類 108
冷却剤 110
冷却塔 88
励磁機 54
瀝青炭 61, 76
レーザ法 99
レドックスフロー電池 160
レム 107
連鎖反応 104
連続の定理 32
レントゲン 107

六フッ化ウラン 99
ローソン条件 140
ローソン図 140
六ヶ所村 117
ロックフィルダム 40
ローラゲート 40

ワ 行

ワンススルーサイクル 117

著者略歴

西嶋喜代人（にしじま きよと）
1950年　山口県に生まれる
1978年　九州大学大学院工学研究科博士課程単位取得退学
現　在　福岡大学工学部電気工学科教授
　　　　工学博士

末廣純也（すえ ひろじゅんや）
1961年　福岡県に生まれる
1985年　九州大学大学院工学研究院修士課程修了
現　在　九州大学大学院システム情報科学研究院教授
　　　　博士（工学）

電気電子工学シリーズ 13
電気エネルギー工学概論　　　　　　定価はカバーに表示

2008年8月25日　初版第1刷
2021年1月25日　第12刷

著　者　西　嶋　喜　代　人
　　　　末　廣　純　也
発行者　朝　倉　誠　造
発行所　株式会社　朝　倉　書　店
　　　　東京都新宿区新小川町6-29
　　　　郵便番号　162-8707
　　　　電　話　03(3260)0141
　　　　FAX　03(3260)0180
　　　　http://www.asakura.co.jp

〈検印省略〉

© 2008〈無断複写・転載を禁ず〉　　Printed in Korea

ISBN 978-4-254-22908-0　C 3354

JCOPY　＜(社)出版者著作権管理機構　委託出版物＞
本書の無断複写は著作権法上での例外を除き禁じられています．複写される場合は，そのつど事前に，(社)出版者著作権管理機構（電話 03-3513-6969，FAX 03-3513-6979，e-mail: info@jcopy.or.jp）の許諾を得てください．

◆ 電気電子工学シリーズ〈全17巻〉 ◆
JABEEにも配慮し，基礎からていねいに解説した教科書シリーズ

九大 岡田龍雄・九大 船木和夫著
電気電子工学シリーズ1
電　磁　気　学
22896-0　C3354　　　　A5判 192頁 本体2800円

学部初学年の学生のためにわかりやすく，ていねいに解説した教科書。静電気のクーロンの法則から始めて定常電流界，定常電流が作る磁界，電磁誘導の法則を記述し，その集大成としてマクスウェルの方程式へとたどり着く構成とした

前九大 香田　徹・九大 吉田啓二著
電気電子工学シリーズ2
電　気　回　路
22897-7　C3354　　　　A5判 264頁 本体3200円

電気・電子系の学科で必須の電気回路を，初学年生のためにわかりやすく丁寧に解説。〔内容〕回路の変数と回路の法則／正弦波と複素数／交流回路と計算法／直列回路と共振回路／回路に関する諸定理／能動2ポート回路／3相交流回路／他

前九大 宮尾正信・九大 佐道泰造著
電気電子工学シリーズ5
電子デバイス工学
22900-4　C3354　　　　A5判 120頁 本体2400円

集積回路の中心となるトランジスタの動作原理に焦点をあてて，やさしく，ていねいに解説した。〔内容〕半導体の特徴とエネルギーバンド構造／半導体のキャリヤと電気伝導／バイポーラトランジスタ／MOS型電界効果トランジスタ／他

九大 松山公秀・九大 圓福敬二著
電気電子工学シリーズ6
機能デバイス工学
22901-1　C3354　　　　A5判 160頁 本体2800円

電子の多彩な機能を活用した光デバイス，磁気デバイス，超伝導デバイスについて解説する。これらのデバイスの背景には量子力学，統計力学，物性論など共通の学術基盤がある。〔内容〕基礎物理／光デバイス／磁気デバイス／超伝導デバイス

九大 浅野種正著
電気電子工学シリーズ7
集　積　回　路　工　学
22902-8　C3354　　　　A5判 176頁 本体2800円

問題を豊富に収録し丁寧にやさしく解説〔内容〕集積回路とトランジスタ／半導体の性質とダイオード／MOSFETの動作原理・モデリング／CMOSの製造プロセス／ディジタル論理回路／アナログ集積回路／アナログ・ディジタル変換／他

関西大 肥川宏臣著
電気電子工学シリーズ9
ディジタル電子回路
22904-2　C3354　　　　A5判 180頁 本体2900円

ディジタル回路の基礎からHDLも含めた設計方法まで，わかりやすくていねいに解説した。〔内容〕論理関数の簡単化／VHDLの基礎／組合せ論理回路／フリップフロップとレジスタ／順序回路／ディジタル-アナログ変換／他

九大 川邊武俊・前防衛大 金井喜美雄著
電気電子工学シリーズ11
制　御　工　学
22906-6　C3354　　　　A5判 160頁 本体2600円

制御工学を基礎からていねいに解説した教科書。〔内容〕システムの制御／線形時不変システムと線形常微分方程式，伝達関数／システムの結合とブロック図／線形時不変システムの安定性，周波数応答／フィードバック制御系の設計技術／他

前長崎大 小山　純・長崎大 樋口　剛著
電気電子工学シリーズ12
エネルギー変換工学
22907-3　C3354　　　　A5判 196頁 本体2900円

電気エネルギーは，クリーンで，比較的容易にしかも効率よく発生，輸送，制御できる。本書は，その基礎から応用までをわかりやすく解説した教科書。〔内容〕エネルギー変換概説／変圧器／直流機／同期機／誘導機／ドライブシステム

九大 柁川一弘・九大 金谷晴一著
電気電子工学シリーズ17
ベクトル解析とフーリエ解析
22912-7　C3354　　　　A5判 180頁 本体2900円

電気・電子・情報系の学科で必須の数学を，初学年生のためにわかりやすく，ていねいに解説した教科書。〔内容〕ベクトル解析の基礎／スカラー場とベクトル場の微分・積分／座標変換／フーリエ級数／複素フーリエ級数／フーリエ変換

上記価格（税別）は 2020年 12月現在